地 盤 工 学

大 島 昭 彦

はじめに

　本書は，著者が勤めていた大阪公立大学（旧大阪市立大学）工学部都市学科（旧都市基盤工学科，旧土木工学科）の学生を対象に約20年間教えてきた「地盤基礎工学」のテキスト（自費出版，約3年ごとに改訂を重ねたもの）を基にして，新たに担当した地盤防災工学の内容を含めて，改めて「地盤工学」の教科書としてまとめ直したものです。土質力学Ⅰ，Ⅱの内容を基に，地盤内に設置する基礎構造物の設計・施工するために必要な土圧，支持力，地盤改良，地盤調査及および地形・地質と地盤情報を修得することを目的にしています。基礎構造物である土留め，擁壁，直接基礎，杭基礎の設計・施工方法，及び地盤改良，地盤調査方法，同時に設計施工の留意点，設計事例，問題事例などを解説しています。また，授業内容の理解を深めるために各章に例題を掲載しています（巻末に解答を掲載）。さらに，各章の最後には演習問題を付けています。

　周知のように，地球上の全ての土木・建築の構造物は地盤上または地盤中に建てられるので，いくら素晴らしい構造物であってもそれを支える地盤がしっかりしていないと存続できません。地盤・土は基本的に自然が作ったもので，多種多様（様々の種類の土が様々の状態にある）で，不均質に存在するので，非常に複雑です。そのための地盤・土の力学を学ぶのが土質力学ですが，土質力学の内容を基に，それを実際の地盤に適用することに重きをおいた学問が地盤工学です。地盤工学は土木工学，建築学，農業土木工学，自然災害科学，環境衛生工学なの広範囲にまたがる学際的な内容を含むものです。本科目で地盤の力学的，工学的な扱い方を修得することを目標としています。

2024年7月16日

大島昭彦

補足：単位系（Unit）について

① **重力単位**：これまで土木・建築分野で使われてきたメートル法を基本とし，**力**を基準とした単位。

② **ＳＩ**：メートル法を基に，**質量**を基準とした国際単位（フランス語のLe Système International d'Unitédの公式略称）。

　日本では1992年5月に計量法がSIに全面的に改正され，1999年10月から商取引きと証明にはSIを使うことが義務づけられた。しかし，土質力学，地盤工学の分野は現場に根ざしているので，力を基準とする重力単位の方が便利であり，SIでは理解しづらいと考えられる。<u>本書では基本的に重力単位を用いる（SIも併記する）</u>が，SIを妨げるものではない。要は重力単位とSIの換算を正しくできるようにすることが大切である。重力単位とSIの比較を**表-1**に示す。

　地盤工学に関する種々の量を計算する際にはこの表を見て，単位換算を確認してほしい。

表-1　重力単位とSIの比較

単位系		重力単位	SI
基本		重さ(力)を基準とする単位系	質量を基準とする単位系
力 F	単位 (定義)	**1kgf**：質量1kgの物を標準重力場 **(g_n=9.80665m/s²)** で支える力	**1N**：質量1kgの物に1m/s²の加速度を 生じさせる力（1N=1kg m/s²）
	変換	1kgf = 1kg×g_n ≒ 9.81N	1N = (1/g_n) kgf ≒ 0.102kgf
	説明	1kgfは1kgの重さ（例えば水1l）	1Nは約102gの重さ（例えば水102cc）
	他	1tf = 1000kgf	1kN = 1000N
応力 σ 圧力 p	単位	**1tf/m²** (=0.1kgf/cm²)：実物を対象 **1kgf/cm²** (=10tf/m²)：室内試験を対象	**1kN/m² = 1kPa** （応力にkN/m²，圧力にkPaを用いる）
	変換	1tf/m² = g_nkN/m² ≒ 9.81kN/m² 1kgf/cm² = 10g_nkN/m² ≒ 98.1kN/m²	1kN/m² = (1/g_n) tf/m² ≒ 0.102tf/m² 1kN/m² ≒ 0.0102kgf/cm²
	説明	1tf/m²は水深1mの水圧 1kgf/cm²は水深10mの水圧	1kPaは水深約0.102mの水圧
密度 ρ	単位	**1t/m³ = 1g/cm³**	**1Mg/m³ = 1g/cm³**
	説明	1t/m³=1g/cm³は水の密度	
単位 体積 重量 γ	単位	**1tf/m³ = 1gf/cm³**	**1kN/m³**
	変換	1tf/m³ = g_nkN/m³ ≒ 9.81kN/m³	1kN/m³ = (1/g_n) tf/m³ ≒ 0.102tf/m³
	説明	水の単位体積重量 γ_w=1tf/m³	γ_w = g_n×ρ_w ≒ 9.81kN/m³
仕事	単位	**1kgf·m = 100kgf·cm**	**1J (=N·m)**
	変換	**1kgf·m ≒ 9.81J** **1kgf·cm ≒ 0.0981J**	**1J ≒ 0.102kgf·m** **1J ≒ 10.2kgf·cm**

SIで用いる主な接頭語：10^9：G（ギガ），10^6：M（メガ），10^3：k（キロ），10^2：h（ヘクト）

10^{-1}：d（デシ），10^{-2}：c（センチ），10^{-3}：m（ミリ），10^{-6}：μ（マイクロ）

＜単位換算の例＞

1 kgf ≒ 9.81 N, 1 tf ≒ 9.81 kN　　　　　　　　1 N ≒ 0.102 kgf, 1 kN ≒ 102 kgf = 0.102 tf

1 kgf/cm² ≒ 98.1 kN/m², 1 tf/m² ≒ 9.81 kN/m²　　1 kN/m² ≒ 0.102 tf/m² = 0.0102 kgf/cm²

1 tf/m³ = 1 gf/cm³ ≒ 9.81kN/m³　　　　　　　　1 kN/m³ ≒ 0.102 tf/m³ = 0.102 gf/cm³

目　次

はじめに　……………………………………………………………………………………… i

単位系について　………………………………………………………………………………… ii

第1章　地盤の土圧　………………………………………………………………………… 1
　1.1　土圧の概念　……………………………………………………………………… 2
　1.2　ランキン（**Rankin**）の土圧論　………………………………………………… 3
　　1.2.1　主働土圧，受働土圧の算定
　　1.2.2　土圧係数
　　1.2.3　全土圧と作用点高さ
　　1.2.4　粘性土（非排水条件）の場合
　　1.2.5　自立高さ
　1.3　クーロン（**Coulomb**）の土圧論　…………………………………………… 9
　　1.3.1　主働土圧，受働土圧の算定
　　1.3.2　クルマンの図解法
　　1.3.3　地震時土圧
　1.4　静止土圧　………………………………………………………………………… 11
　1.5　擁壁と土圧　……………………………………………………………………… 12
　　1.5.1　壁の変形モードと土圧分布
　　1.5.2　擁壁の種類
　　1.5.3　擁壁設計における安定計算
　1.6　土留め壁と土圧　………………………………………………………………… 15
　　1.6.1　土留め壁の種類と特徴
　　1.6.2　土留め壁に働く土圧の例
　　1.6.3　土留め壁の応力算定方法
　　1.6.4　掘削底面の安定検討
　演習問題　……………………………………………………………………………… 23
　引用文献　……………………………………………………………………………… 24

第2章　地盤の支持力　……………………………………………………………………… 25
　2.1　基礎と支持力とは　……………………………………………………………… 26
　2.2　直接基礎の支持力　……………………………………………………………… 27
　　2.2.1　地盤の支持力と破壊形式
　　2.2.2　地盤の平板載荷試験とは
　　2.2.3　ランキン（**Rankin**）の土圧論に基づく支持力理論
　　2.2.4　テルツァーギ（**Terzaghi**）の支持力理論
　　2.2.5　建築基礎構造設計指針（**2019** 版）における支持力の算定
　　2.2.6　道路橋示方書（**2017** 版）における支持力の算定

－iii－

2.2.7　許容沈下量による支持力

2.3　杭基礎の支持力　……………………………………………………………… 40

　　2.3.1　杭基礎の種類・分類

　　2.3.2　杭基礎の支持力理論

　　2.3.3　実務での杭基礎の支持力の算定方法

　　2.3.4　既製杭の施工方法

　　2.3.5　場所打ち杭の施工方法

　　2.3.6　ネガティブフリクション

　演習問題　…………………………………………………………………………… 47

　引用文献　…………………………………………………………………………… 48

第3章　地盤改良　………………………………………………………………………… 49

3.1　地盤改良の分類と原理　……………………………………………………… 50

　　3.1.1　地盤改良とは

　　3.1.2　地盤改良の分類

　　3.1.3　地盤改良の原理

3.2　置換工法　……………………………………………………………………… 51

　　3.2.1　掘削置換工法（床堀置換）

　　3.2.2　強制置換工法

　　3.2.3　軽量盛土工法

3.3　高密度化工法　………………………………………………………………… 52

　　3.3.1　圧密工法

　　3.3.2　表層締固め工法

　　3.3.3　深層締固め工法

3.4　固化工法　……………………………………………………………………… 60

　　3.4.1　表層固化工法

　　3.4.2　深層固化工法

3.5　土性改良（土質改良）工法　………………………………………………… 62

3.6　補強土工法　…………………………………………………………………… 63

　引用文献　…………………………………………………………………………… 64

第4章　地盤調査　………………………………………………………………………… 65

4.1　地盤調査とは　………………………………………………………………… 66

　　4.1.1　地盤調査の目的と進め方

　　4.1.2　事前調査

　　4.1.3　地盤調査

4.2　物理探査・物理検層　………………………………………………………… 67

　　4.2.1　物理探査

　　4.2.2　物理検層

4.3　ボーリング　…………………………………………………………………… 70

4.4　サンプリング　……………………………………………………………………………………　71
　4.4.1　固定ピストン式シンウォールサンプラー
　4.4.2　ロータリー式多重管サンプラー
　4.4.3　その他のサンプリング方法
4.5　サウンディング　…………………………………………………………………………………　73
　4.5.1　サウンディングとは
　4.5.2　標準貫入試験
　4.5.3　動的コーン貫入試験
　4.5.4　静的コーン貫入試験
　4.5.5　スクリューウエイト貫入試験
　4.5.6　その他の地盤調査方法
引用文献　………………………………………………………………………………………………　86

第5章　地形・地質と地盤情報　……………………………………………………………………　87
5.1　地形・地質と地盤　………………………………………………………………………………　88
　5.1.1　地質年代
　5.1.2　沖積層の堆積過程
　5.1.3　沖積平野の主な地形と特徴
5.2　大阪の地盤　………………………………………………………………………………………　92
　5.2.1　大阪地盤の概要
　5.2.2　大阪地盤の地層分布
　5.2.3　西大阪地域の地盤の特徴
　5.2.4　東大阪地域の地盤の特徴
　5.2.5　上町台地の地盤の特徴
5.3　地盤情報　…………………………………………………………………………………………　100
　5.3.1　地図情報の取り方
　5.3.2　地盤情報の取り方
総合演習問題　…………………………………………………………………………………………　107
引用文献　………………………………………………………………………………………………　108

例題の解答　……………………………………………………………………………………………　109

著者略歴　………………………………………………………………………………………………　114

第1章
地盤の土圧

　本章では，地盤の土圧について説明する。まず，土圧算定の基本となるランキンとクーロンの土圧論（主働土圧，受働土圧，静止土圧）を説明する。次に，実地盤を支える抗土圧構造物としての擁壁，土留め壁の設計方法を説明する。さらに，掘削底面の安定検討方法について説明する。ただし，土圧の理解のためには土質力学におけるせん断強さの知識が必須であるので，事前に復習を行うことが必要である。

擁壁の例（練石積み擁壁，仙台市）

1.1 土圧の概念

地盤の内部,あるいは土と他の構造物との境界面に作用する応力を一般に土圧（earth pressure）と呼ぶが,前者は土中土圧,後者を壁面土圧として区別することが多い。水中では水圧が作用するように,土中では土圧が作用する（地下水位以下では土圧と水圧が作用する）。ただし,水はせん断強さを持たないので,水圧はすべての方向で同じ等方圧力であるが,土はせん断強さを持つため,鉛直,水平方向で土圧は異なる。**図-1.1**は土圧作用の例である。図(4)や(7)などは壁や管の剛性が低い（たわみ性を示す）場合があり,それによる土の変形の仕方によっても土圧の大きさが変化し,複雑なものとなる。

構造物が横方向から受ける土圧のうち,**図-1.2**(1)に示すように,構造物が地盤から離れる方向に動いて土が緩む方向に変形し,一定の応力状態で平衡したときの土圧を**主働土圧**（active earth pressure）という。逆に構造物が土を押す方向に動いて,一定の応力状態で平衡したときの土圧を**受働土圧**（passive earth pressure）という。また,地盤が静止状態にあるときの土圧を**静止土圧**（earth pressure at rest）という。

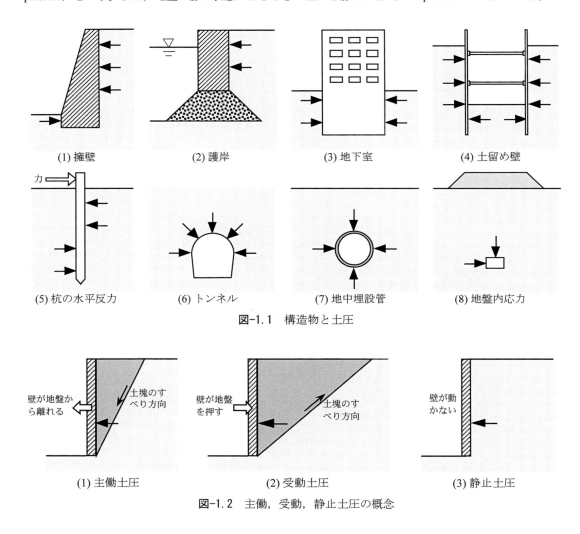

図-1.1 構造物と土圧

図-1.2 主働,受働,静止土圧の概念

例題1.1 図-1.1で主働土圧（A），受働土圧（P），静止土圧を指摘せよ。

-2-

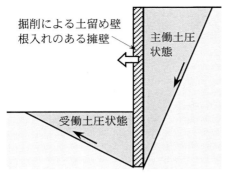
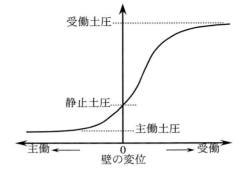

図-1.3 主働土圧と受働土圧が同時に起こる例   図-1.4 壁の動きと土圧の変化

図-1.3で壁が下端をヒンジにして回転すると，直線のすべり面が形成され（仮定），三角形のすべり土塊はどの深さにおいても一様に壁に向かって伸び（主働土圧），または縮む（受働土圧）。したがって，すべり土塊はどの深さにおいてもひずみは同じで，相似的な応力状態（各深さの土圧係数（後述）は同じ）にあることになる（体積変化＝ダイレイタンシーのない理想粒状体を仮定）。

図-1.4は壁の変位と土圧の変化の関係を示している。通常の擁壁などの設計には，土のせん断強さを極限（塑性平衡）状態にとり，最小：主働土圧，最大：受働土圧を用いる。また，水圧が働く場合には土圧と水圧を別々に求めて加算し，壁に作用する側圧とする。

主働，受働土圧の算定には，1.2のランキン（Rankin）と1.3のクーロン（Coulomb）の土圧論を通常用いる。以下では<u>二次元問題</u>として扱う（単位奥行き当たりの算定）。

> 補足：土圧，支持力，斜面安定問題では，土を**剛塑性体**，すなわち土のせん断強さに達するまでは変形を起こさず，せん断強さに達すると一気に塑性化して破壊する，と見なしてすべり面の性質を利用して計算している。本来これらの問題は土と構造物の相互作用として土の応力-ひずみ関係を用いてFEMなどによる変形解析を行うべきであるが，現状では上記として扱っている。
>
>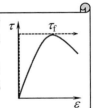

1.2 ランキン（Rankin）の土圧論

1.2.1 主働土圧，受働土圧の算定

主働土圧，受働土圧を生じているときには，土は破壊状態（せん断抵抗最大＝塑性平衡状態）になっていると仮定するので，鉛直応力σ_vと水平応力σ_hは**図-1.5のモール・クーロンの破壊規準**を満たす（破壊規準やモール円については，**土質力学Ⅱ第8章土のせん断**を参照）。地盤面が水平な時には，σ_vとσ_hは主応力となる。したがって，図-1.5の直角三角形部分からσ_1とσ_3の関係は次のようになる。

$$\left(\frac{\sigma_1+\sigma_3}{2}+c\cot\phi\right)\sin\phi=\frac{\sigma_1-\sigma_3}{2} \tag{1.1}$$

ここに，cは粘着力，ϕはせん断抵抗角（内部摩擦角）である。上式を変形すると次式となる。

$$\sigma_1-\sigma_3=2c\cos\phi+(\sigma_1+\sigma_3)\sin\phi \tag{1.2}$$

主働土圧はσ_hが減少して，受働土圧はσ_hが増加して（σ_vよりも大きくなる），破壊線に接した状態に相当する。したがって，図-1.6に示すように，主働土圧σ_{ha}では[$\sigma_1=\sigma_v$, $\sigma_3=\sigma_{ha}$]，受働土圧σ_{hp}では[$\sigma_1=\sigma_{hp}$, $\sigma_3=\sigma_v$]となる。よって式(1.2)から，σ_{ha}, σ_{hp}は次式で表される。

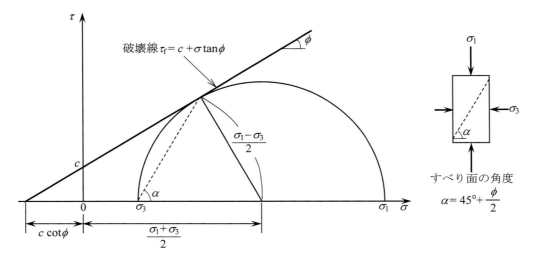

図-1.5 モール・クーロンの破壊規準

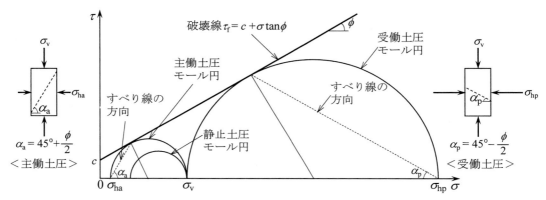

図-1.6 主働土圧・受働土圧におけるモールの破壊円

$$\sigma_{ha} = \frac{1-\sin\phi}{1+\sin\phi}\sigma_v - 2c\frac{\cos\phi}{1+\sin\phi} \tag{1.3}$$

$$\sigma_{hp} = \frac{1+\sin\phi}{1-\sin\phi}\sigma_v + 2c\frac{\cos\phi}{1-\sin\phi} \tag{1.4}$$

また，式(1.3)，(1.4)は，次式のようにも変換できる（**例題1.1**で証明）。

$$\sigma_{ha} = \tan^2\left(45° - \frac{\phi}{2}\right)\sigma_v - 2c\tan\left(45° - \frac{\phi}{2}\right) \tag{1.5}$$

$$\sigma_{hp} = \tan^2\left(45° + \frac{\phi}{2}\right)\sigma_v + 2c\tan\left(45° + \frac{\phi}{2}\right) \tag{1.6}$$

粘着力 $c=0$ の場合は，

$$\sigma_{ha} = \tan^2\left(45° - \frac{\phi}{2}\right)\sigma_v = \frac{1-\sin\phi}{1+\sin\phi}\sigma_v \tag{1.7}$$

$$\sigma_{hp} = \tan^2\left(45° + \frac{\phi}{2}\right)\sigma_v = \frac{1+\sin\phi}{1-\sin\phi}\sigma_v \tag{1.8}$$

なお，主働土圧・受働土圧では**図-1.7**のようなすべり面が想定される。

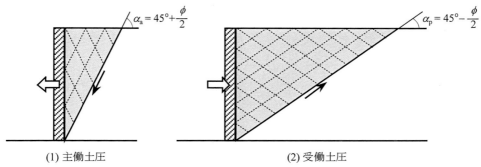

(1) 主働土圧　　　　　　　　　(2) 受働土圧

図-1.7　主働土圧・受働土圧で想定されるすべり面

> 補足：もともとランキンが導いた土圧式は粘着力$c=0$の式(1.7), (1.8)であった。その後レザール（Resal）により，$c \neq 0$の場合にも拡張されたため，式(1.5), (1.6)をランキン・レザール（Rankin-Resal）式とも呼ばれている。

1.2.2 土圧係数

鉛直応力σ_vと，これに対応して生じる水平応力（土圧）σ_hの比$[\sigma_h/\sigma_v]$を**土圧係数**という。σ_vとσ_hは有効応力で算定する。したがって，強度定数は排水条件でc_d，ϕ_dを用いる。ただし，非排水条件では初期鉛直有効応力（破壊時の有効応力でない）で考え，c_u，ϕ_uを用いる。

$c=0$の場合の土圧係数は次のようになる。なお，$K_a \cdot K_p = 1$である。

$$K_a = \tan^2\left(45° - \frac{\phi}{2}\right) = \frac{1-\sin\phi}{1+\sin\phi} \tag{1.9}$$

$$K_p = \tan^2\left(45° + \frac{\phi}{2}\right) = \frac{1+\sin\phi}{1-\sin\phi} \tag{1.10}$$

この関係を用いると$c \neq 0$の場合には，次式となる。

$$\sigma_{ha} = K_a \sigma_v - 2c\sqrt{K_a} \tag{1.11}$$

$$\sigma_{hp} = K_p \sigma_v + 2c\sqrt{K_p} \tag{1.12}$$

壁背面の地表面が傾斜している（水平面と角度βをなす）場合には，次式となる（証明省略）。

$$K_a = \cos\beta \frac{\cos\beta - \sqrt{\cos^2\beta - \cos^2\phi}}{\cos\beta + \sqrt{\cos^2\beta - \cos^2\phi}} \tag{1.13}$$

$$K_p = \cos\beta \frac{\cos\beta + \sqrt{\cos^2\beta - \cos^2\phi}}{\cos\beta - \sqrt{\cos^2\beta - \cos^2\phi}} \tag{1.14}$$

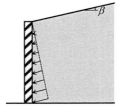

この場合の土圧の作用方向は地表面の傾きβと平行となる。

> **例題1.2** 式(1.3)が式(1.5)となることを証明せよ（式(1.4)→式(1.6)も同様となる）。
>
> ヒント：2倍角の公式 $\begin{cases} \sin 2\alpha = 2\sin\alpha\cos\alpha \\ \cos 2\alpha = \cos^2\alpha - \sin^2\alpha \end{cases}$ と加法定理 $\begin{cases} \sin(\alpha \pm \beta) = \sin\alpha\cos\beta \pm \cos\alpha\sin\beta \\ \cos(\alpha \pm \beta) = \cos\alpha\cos\beta \mp \sin\alpha\sin\beta \end{cases}$ を用いる。

1.2.3 全土圧と作用点高さ

これまでに示した土圧は,鉛直有効応力 $\sigma_v = \gamma \cdot z + q$($\gamma$ は地下水位以下では γ',q は地盤面の等分布上載荷重)に対する任意の深さにおける応力値である。

主働土圧 $\sigma_{ha} = \sigma_v K_a - 2c\sqrt{K_a} = (\gamma \cdot z + q)K_a - 2c\sqrt{K_a}$ (1.11)'

受働土圧 $\sigma_{hp} = \sigma_v K_p + 2c\sqrt{K_p} = (\gamma \cdot z + q)K_p + 2c\sqrt{K_p}$ (1.12)'

壁体の高さ H に働く全土圧 P(単位奥行きあたりの力)は,土圧 σ_h を $z = 0 \sim H$(z は壁体の上端を原点とする)まで積分して求めることができる(壁体の安定性確認には力,モーメントの釣合いが必要)。

$$P = \int_0^H \sigma_h \, dz \tag{1.15}$$

したがって,均質な地盤(γ が深さ方向で一定)では,主働,受働の全土圧 P_a,P_p は次式で求められる。

主働全土圧 $P_a = \left(\dfrac{1}{2}\gamma H^2 + qH\right)K_a - 2cH\sqrt{K_a}$ (1.16)

受働全土圧 $P_p = \left(\dfrac{1}{2}\gamma H^2 + qH\right)K_p + 2cH\sqrt{K_p}$ (1.17)

主働土圧の場合に【$qK_a - 2c\sqrt{K_a} > 0$】であれば(受働土圧の場合には常に),**図-1.8** に示すように,四角形分布と三角形分布となるので,全土圧の作用点(集中荷重に換算した代表作用点)はモーメントの釣り合いから合力の作用点高さが求められる(**例題 1.3** 参照)。

$q = 0$,$c = 0$ の場合には,**図-1.9** に示すように,主働,受働の全土圧 P_a,P_p は次式で求められる。

$$P_a = \dfrac{1}{2}\gamma H^2 K_a = \dfrac{1}{2}\gamma H^2 \tan^2\left(45° - \dfrac{\phi}{2}\right) \tag{1.18}$$

$$P_p = \dfrac{1}{2}\gamma H^2 K_p = \dfrac{1}{2}\gamma H^2 \tan^2\left(45° + \dfrac{\phi}{2}\right) \tag{1.19}$$

この場合の土圧 σ_h は三角形分布となるので,全土圧の作用点は下面から $H/3$ の深さとなる。ただし,壁体に水圧が作用する場合には合力を算定し,やはりモーメントの釣り合いから合力の作用点高さが求められる(**例題 1.4** 参照)。

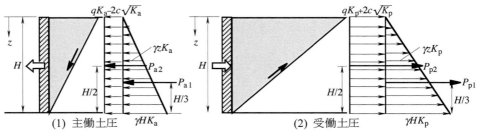

図-1.8 全土圧と作用点高さ($qK_a - 2c\sqrt{K_a} > 0$ の場合)

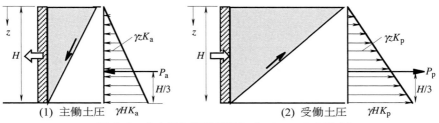

図-1.9 全土圧と作用点高さ($q = 0$,$c = 0$ の場合)

さらに，地盤が複数の土層から構成されている場合（c, ϕ, γが異なる層状地盤）は，各層で独立に土圧を算出する。この場合には鉛直有効応力（$\sigma_v = \Sigma \gamma \cdot z + q$）は層境界で連続するが，土圧は連続しない。全土圧と代表作用点高さは，層ごとの土圧（分布形は台形）を加算し，モーメントの釣り合いから作用点高さを求める（**例題**1.5参照）。

1.2.4 粘性土（非排水条件）の場合

粘性土地盤上に急速載荷されたときの非排水せん断の場合は$\phi_u = 0$ であり，モール円は載荷重によらず同じ大きさになる。したがって，式(1.9)，(1.10)とも土圧係数は1となるため，式(1.11)，(1.12)より，

$$\sigma_{ha} = \sigma_v - 2c \tag{1.20}$$
$$\sigma_{hp} = \sigma_v + 2c \tag{1.21}$$

1.2.5 自立高さ

粘着力 $c \neq 0$ の場合の主働土圧式(1.11)'で$qK_a - 2c\sqrt{K_a} < 0$の場合には，σ_v が小さい部分（地盤面付近）でσ_{ha}が負になり，$\sigma_{ha} = 0$ の深さまで土圧は働かない（土の引張り強度は0と考えるため，負の土圧は期待しない）。したがって，図-1.10 に示すように，この高さまで地盤は素掘のままで自立する。これを**自立高さ z_c** という。z_cは式(1.11)'で$\sigma_{ha} = 0$とすれば，

$$\sigma_{ha} = (\gamma \cdot z_c + q)K_a - 2c\sqrt{K_a} = 0$$
$$z_c = \frac{2c\sqrt{K_a}}{\gamma K_a} - \frac{qK_a}{\gamma K_a}$$
$$\therefore z_c = \frac{2c}{\gamma}\tan\left(45° + \frac{\phi}{2}\right) - \frac{q}{\gamma} \tag{1.22}$$

上式で$qK_a - 2c\sqrt{K_a} > 0$であれば，z_cは存在しない。

上載荷重 $q = 0$ であれば，z_cは必ず存在し，

$$z_c = \frac{2c}{\gamma}\tan\left(45° + \frac{\phi}{2}\right) \tag{1.22}'$$

z_cはcに比例，γに反比例，ϕとともに大きくなる。この場合の土圧の算定は壁体の高さHがz_cだけ低くなったとし扱うことになる（図-1.10参照）。したがって，この場合の主働全土圧は次式で求める。

$$P_a = \frac{1}{2}\gamma(H-z_c)^2 K_a = \frac{1}{2}\gamma(H-z_c)^2 \tan^2\left(45° - \frac{\phi}{2}\right) \tag{1.18}'$$

なお，式(1.16)でP_aを計算すると，負の土圧分を差し引いてしまうので，過小となるので，注意せよ。

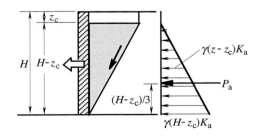

図-1.10 粘着力を持つ場合の自立高さと主働土圧

例題1.3　右図のような上載荷重 q を持つ砂質地盤を支える擁壁がある。地下水位がないとすると，擁壁に作用する主働全土圧と作用点高さを求めよ。

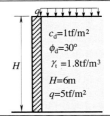

例題1.4　右図のような砂質地盤を支える擁壁がある。地下水位が地表面にあるとき，擁壁に作用する主働全土圧，全水圧とその合力および合力の作用点高さを求めよ。

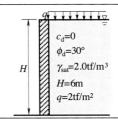

例題1.5　右図のような水平な2層の砂質地盤を支える擁壁がある。地下水位がないとすると，擁壁に作用する。
(1) 主働全土圧とその作用点高さを求めよ。
(2) 受働全土圧とその作用点高さを求めよ。

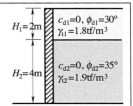

例題1.6　右図のような粘土地盤を支える擁壁がある。非排水条件における主働全土圧を求めよ。

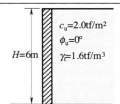

1.3 クーロン (Coulomb) の土圧論

1.3.1 主働土圧,受働土圧の算定

クーロンの土圧論では,図-1.11,1.12 のように,三角形のクサビ状の土塊が直線すべり面に沿って落ち込む(主働土圧),または押し上げられる(受働土圧)状態を仮定し(このことからクサビ土圧論とも呼ばれる),これに働く力の釣合いから土圧 P_a, P_p を求める。ただし,土の性質として以下を仮定する。

① 地盤の均質性(ϕ はどの深さでも同じ)と<u>粘着力 $c=0$</u> とする。

しかし,クーロンの土圧論は以下の場合にも適用できる。

② 土圧が作用する壁体が鉛直でない場合
③ 壁面と土との間に摩擦がある場合
④ 背面地盤上に局在する荷重がある場合

①〜④がランキンの土圧論との違いで,両理論の適用性を考える上に重要である。

背面の地盤が一様で,かつ地盤面が平面の場合の土圧式は次式で表わされる(証明省略)。

$$P_a = \frac{1}{2}\gamma H^2 K_a \tag{1.23}$$

$$P_p = \frac{1}{2}\gamma H^2 K_p \tag{1.24}$$

$$K_a = \frac{\cos^2(\phi-\alpha)}{\cos^2\alpha \cos(\alpha+\delta)\left\{1+\sqrt{\frac{\sin(\phi+\delta)\sin(\phi-\beta)}{\cos(\alpha+\delta)\cos(\alpha-\beta)}}\right\}^2} \tag{1.25}$$

$$K_p = \frac{\cos^2(\phi+\alpha)}{\cos^2\alpha \cos(\alpha+\delta)\left\{1-\sqrt{\frac{\sin(\phi-\delta)\sin(\phi+\beta)}{\cos(\alpha+\delta)\cos(\alpha-\beta)}}\right\}^2} \tag{1.26}$$

ここに,γ:壁背面土の単位体積重量,H:壁の高さ,α:壁背面が鉛直面となす角度,β:壁背面の地表面が水平面となす角度,ϕ:壁背面土のせん断抵抗角,δ:壁背面と土の摩擦角($\delta \leq \phi$)である。

図-1.11 の主働土圧では,三角形のクサビ状の土塊の自重 W が落ち込むので,壁面およびすべり面には上向きに土圧 P_a と反力 R が働き,P_a は垂線から反時計回りに δ の角度を,R は垂線に対して時計回りに ϕ の角度をとる。一方,図-1.12 の受働土圧では,三角形のクサビ状の土塊の自重 W が押し上げられるので,壁面およびすべり面には下向きに土圧 P_p と反力 R が働き,P_p は垂線から時計回りに δ の角度を,R は垂線に対して反時計回りに ϕ の角度をとる。自重 W は鉛直方向に作用し,すべり面の位置が決まれば,土塊の面積(単位奥行きの体積)が求まるので,W の大きさは既知となる。これに対して P_a, P_p および R は δ と ϕ で力の方向が決まるので,図-1.11,1.12 の右側に示すように 3 つの力が閉じた多角形となるので,土圧 P_a, P_p を求めることができる。

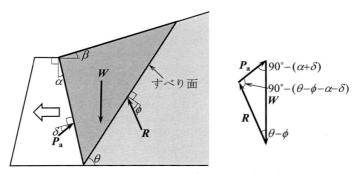

図-1.11 クーロンの主働土圧の考え方

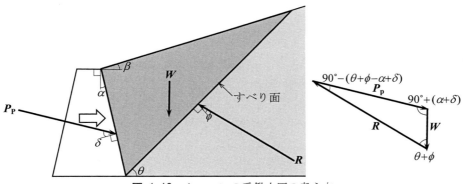

図-1.12 クーロンの受働土圧の考え方

1.3.2 クルマンの図解法

背面地盤が平面でない場合や局在荷重がある場合には，先の式で土圧を求めることができない。このような場合には，すべり面の角度を試行的に変化させて力の釣り合いから土圧を求める以下の**クルマン（Culmann）の図解法**を用いることができる（**図-1.13 参照**）。

1) 壁下端 A 点から水平線と角度 ϕ をなす直線 AS を引く。
2) 直線 AS から $180°-\theta-\delta$ の直線 AL を引く。
3) 任意の仮想すべり面 AC_1 を引く。$W_1=\Delta ABC_1$ の重量を求め，AS 線上に適当な尺度で W_1 をとり，AD_1 とする。
4) D_1 から AL 線に平行な直線を引き，AC_1 との交点を E_1 とする。
5) 仮想すべり面の傾きを変えて 3), 4)の操作を繰返し（$C_2, C_3, \cdots, D_2, D_3, \cdots$ を設定し），$E_2, E_3, \cdots$ を求め，これらの点を滑らかな曲線で結ぶ（これを**クルマン線**と呼ぶ）。
6) クルマン線に対して AS 線に平行な接線を引き，その接点 E とする。
7) E から AL 線に平行な直線を引き，AS との交点を D とすれば，最長となる DE が主働土圧 P_a の大きさを，E を通る直線 AEC がすべり線を与える。

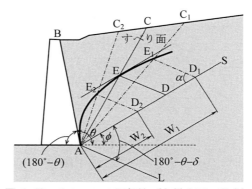

図-1.13 クルマンの図解法（主働土圧の場合）

例題1.7 式(1.25), (1.26)のクーロン土圧式で，$\alpha=0$（壁面が鉛直），$\beta=0$（壁背面土が水平），$\delta=0$（壁面の摩擦角が0）とおくと，式(1.7), (1.8)のランキンの土圧式（$c=0$）と一致することを誘導せよ。

例題 1.8 右図のような砂質地盤を支える擁壁がある。地下水位がないとすると，擁壁に作用する。
(1) 主働全土圧とその作用点高さを求めよ。
(2) 受働全土圧とその作用点高さを求めよ。

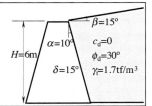

例題 1.9 右図のような砂質地盤を支える擁壁がある（地下水位なし）。
(1) Rankin の主働，受働土圧係数を求めよ。
(2) $\delta=5°$, $10°$, $15°$ の Coulomb の主働，受働土圧係数を求めよ。
(3) 両者の比較から δ が土圧係数に与える影響を述べよ。

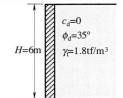

1.3.3 地震時土圧

地震時土圧の算定に水平震度を k とした<u>静的震度法</u>を採る場合には，斜面安定計算の場合と同様に，すべり土塊に水平慣性力 kW を発生させ，図-1.11 の Coulomb の土圧論に基づいて W の代わりに W と kW のベクトル和を用いて力の釣合いを考える。$\beta=0$ の場合（背面の地盤面が水平）には，ω を鉛直からの合力の角度（$\omega=\tan^{-1}k$）として，次式で与えられる（**物部・岡部式**と呼ばれる）。

$$K_a = \frac{\cos^2(\phi-\alpha-\omega)}{\cos\omega\cos^2\alpha\cos(\alpha+\delta+\omega)\left\{1+\sqrt{\dfrac{\sin(\phi+\delta)\sin(\phi-\beta-\omega)}{\cos(\alpha+\delta+\omega)\cos(\alpha-\beta)}}\right\}^2} \qquad (1.27)$$

最近では，有限要素法（FEM）による動的解析によって地震時土圧を求めることが実務においても行われるようになった。

1.4 静止土圧

静止土圧係数 K_0 は，地盤の水平方向のひずみがゼロの状態（一次元状態）における $[K_0=\sigma_h/\sigma_v]$ の値である。地盤を等方弾性体とみなせば，Hooke の法則から，

$$\varepsilon_h = \frac{1-\nu}{E}\sigma_h - \frac{\nu}{E}\sigma_v \quad \left(\Leftarrow \varepsilon_y = \frac{1}{E}\sigma_y - \frac{\nu}{E}(\sigma_x+\sigma_z)\right) \qquad (1.28)$$

$\varepsilon_h=0$ に対応する静止土圧係数 K_0 は，

$$K_0 = \frac{\nu}{1-\nu} \qquad (1.29)$$

飽和土が非排水状態で変形する場合は，$\nu=0.5$ であるから $K_0=1$ である。土は一般に等方弾性体からほど遠いので，一次元圧密終了状態にある土に対しては次の **Jaky（ヤーキィ）の式** を用いることが多い。

$$K_0 = 1-\sin\phi' \qquad (1.30)$$

ϕ' は有効応力に基づく $\phi(=\phi_d)$ で，正規圧密粘土や緩い砂では $K_0 \fallingdotseq 0.5$，過圧密粘土や密な砂では $K_0 > 0.5$ を示す。

1.5 擁壁と土圧

1.5.1 壁の変形モードと土圧分布

これまでに述べた土圧論では，壁が下端をヒンジに回転する変形を示して，壁背面土が同時に塑性平衡状態になることを前提としていた。しかし，実際の擁壁や土留め壁は必ずしもそのような変形にならない。壁の変位が下端ヒンジではない場合の土圧分布を模式的に表わすと図-1.14 のようになる。図の破線が壁の変形モードを，太線が土圧分布を表す。

図(1)は壁の上下端が動かず，中央が外へはらみ出す変形の場合（土留め矢板などはこのような変形となる）で，上端は静止土圧に，下端は主働土圧に近く，はらみだす中央部は主働土圧よりも小さくなると考えられる。図(2)は上端が不動で下端が大きくはらみ出す変形の場合で，上端は静止土圧に近いが，下端は主働土圧よりも小さくなると考えられる。図(3)は壁全体が前に変形の場合で，上端は静止土圧と主働土圧の間に，下端は主働土圧よりも小さくなると考えられる。図(4)は壁中央で回転変形する場合で，上端は壁が背面土を押すので受働土圧に近く，下端は主働土圧よりも小さくなると考えられる。

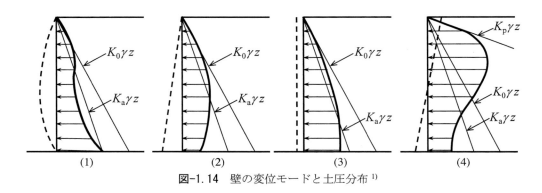

図-1.14　壁の変位モードと土圧分布[1]

1.5.2 擁壁の種類

盛土や切土においては，法面（のりめん）を擁壁によって土留めして用地を確保する場合が多い。擁壁は背面の盛土や切土からの土圧・水圧に対して壁体の自重や曲げで抵抗する坑土圧構造物である。表-1.1，1.2 に擁壁の種類と分類，特徴をまとめた。もたれ擁壁，重力式擁壁，L型擁壁などが代表的なものである。最近は土内部に鉄筋やジオテキスタイル（合成高分子素材からなる繊維シート）などの引張り材を入れて補強する補強土壁工法（3.6参照）も採る場合もある。

表-1.1　擁壁の種類と分類[2]

もたれ式擁壁類				重力式擁壁類	
(1)ブロック積	(2)もたれ式	(3)枠組	(4)複合	(5)重力式	(6)半重力式

片持ち式擁壁類				控え壁式擁壁類		U型擁壁類	
(7)倒立T型	(8)L型	(9)枠組	(10)棚式	(11)控え壁式	(12)支え壁式	(13)U型	(14)中埋めU型

第1章 地盤の土圧

表-1.2 擁壁の種類と特徴[2)]

構造形式	抗土圧構造物（擁壁）			補強土壁
	もたれ式擁壁	重力式擁壁	L型擁壁	
形状				補強材
概要	切土あるいは盛土などにもたれながら，自重により土圧に抵抗する壁体	主に擁壁の自重により盛土を支え，土圧に抵抗する構造で，無筋もしくは躯体の一部に発生する引張応力に対しては鉄筋で補強する擁壁	主に擁壁の自重と後フーチング上の土の重量とにより安定をタモリ，土圧に対しては前壁を片持ち梁として抵抗するRC擁壁	補強材を配置することにより盛土の自立性を高め，鉛直勾配の盛土を構築する工法
適用範囲と特徴	○土留壁高4m程度以下(盛土の場合) ○支持地盤が良好な場合に適用 ○裏込め栗石の人力施工が必要	○擁壁高さ5m程度以下 ○支持地盤が良好な場合に適用 ○施工が比較的容易	○擁壁高さ3〜10m（一般には6m程度以下）	○擁壁高さ2〜15m（一般には10m程度以下） ○擁壁に比べ支持地盤が比較的不良な場合でも適用可能

　擁壁は背面に水圧がかからないように排水工（水抜き穴）の設置が必須である。最も身近な宅地の擁壁ではもたれ式擁壁が多く，ブロック積みとしてコンクリート積みと石積みがあり，積み方には次の2種類がある（図-1.15 参照）。

練積み：コンクリートブロックや石材などをモルタル等で接着して一体化しながら積み上げる方法（間知石積み擁壁，間知ブロック積み擁壁など）。

空積み：コンクリートブロックや石材などに対して接着材などを使わずに割栗石や砂利を用いて積み上げる方法（ガンタ積み擁壁，大谷石積み擁壁など）。城の石垣もこの範疇に入る。

　なお，空積みは安定性が低いので，現在，宅地造成等規制法等の技術的基準に適合しない不適格擁壁となっている（増積み擁壁，二段擁壁なども）。宅地擁壁の危険度判定，対策工法の選定方法については，国土交通省が出している「宅地擁壁の健全度判定・予防保全対策マニュアル」[3)]を参照するとよい。

(1) 練石積み

(2) 空石積み

図-1.15 石積みの積み方

1.5.3 擁壁設計における安定計算

擁壁は土圧に対してフーチング（下部の基礎部）で抵抗する。フーチング下面には自重と土圧による偏心・傾斜荷重が作用するため，硬い地盤では直接基礎で支持できるが，軟らかい地盤で十分な支持力が得られない場合は，杭などの基礎工が必要となる（図-1.16 参照）。

擁壁の設計では，地盤条件から擁壁の種類を決定し，その形状，断面を仮定し，以下の**支持力**，**滑動**，**転倒**に関する安定計算を行い，所要の安定性が得られない場合には，擁壁形状を仮定し直す。その後，部材の応力計算を行い，許容応力度以内で適切な断面であることを確認する。なお，図-1.16 のような L 型擁壁では，フーチングの右端に仮想背面を設け，そこまでを擁壁として扱う。

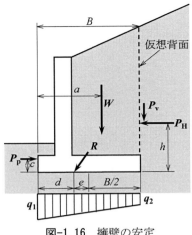

図-1.16　擁壁の安定

(1) 支持力に対する安定

擁壁フーチング底版に作用する地盤反力 q_1, q_2 が許容支持力 q_a（2.2 参照）以内であるように設計する。

$$q_1, q_2 \leq q_a, \quad q_1, q_2 = \frac{P_v + W}{B}\left(1 \pm \frac{6e}{B}\right) \tag{1.31}$$

ここに，e：フーチング底版中心から合力 R 作用点までの偏心距離（$e = B/2 - d$）

　　　　P_V：主働全土圧の鉛直成分

　　　　W：擁壁自重（仮想背面までの裏込め土を含む）

　　　　d：合力 R の作用点までの距離　$d = \dfrac{Wa + P_v b + P_p c - P_h h}{W + P_v}$　で，d が擁壁底面幅中央の $B/3$（ミドルサード）に入っていることを確認すること。

※支持力の詳細については，**第 2 章**を参照。

(2) 滑動に対する安定

主働全土圧の水平成分による滑動力 P_H に対して，擁壁フーチング底版と土の摩擦抵抗力や擁壁前面の受働全土圧 P_p などのよる滑動抵抗力 Q_H の方が大きくなるように設計する（通常，安全率 1.5 以上とする）。

$$\text{滑動安全率} \quad F_s = \frac{Q_H}{P_H} = \frac{W \tan\delta + B \cdot c + P_p}{P_H} \geq 1.5 \tag{1.32}$$

ここに，δ：フーチング底版と土との摩擦角

　　　　c：フーチング底版下の土の粘着力

(3) 転倒に対する安定

主働全土圧の水平成分などによる転倒モーメント $M_d = P_H \cdot h$ に対して，土圧の鉛直成分や自重による転倒抵抗モーメント $M_r = W \cdot a + P_v \cdot b + P_p \cdot c$ の方が大きくなるように設計する（通常，安全率 1.5 以上とする）。

$$\text{転倒安全率} \quad F_s = \frac{M_r}{M_d} = \frac{W \cdot a + P_V \cdot b + P_p \cdot c}{P_H \cdot h} \geq 1.5 \tag{1.33}$$

第1章　地盤の土圧

1.6 土留め壁と土圧

1.6.1 土留め壁の種類と特徴

　地下構造物を築造するために，地盤を掘削する際，掘削地盤と掘削周辺地盤（背面地盤）の崩壊や過大な変形を防止したり，地下水位以下では水を遮断し，安定な状態に留めておくことを**土留め**という。代表的な土留め工法の種類と特徴を**表-1.3**に示す。掘削時の仮設土留め壁に多用されている**親杭横矢板壁**や**鋼矢板壁**はたわみ性であるため，掘削に伴って掘削側に変形しやすいため，土留め壁に作用する土圧は静止土圧から主働土圧へ向かって減っていき，最終的に**図-1.14**(1)や(3)のような土圧分布となる。たわみ性土留め壁はある程度の背後の地盤の変形（沈下と押出し）は避けられず，工事公害を引き起こす。これに代わって都市工事では，剛性の高い**鋼管矢板壁**，鋼芯材を持つ**ソイルセメント壁（SMW壁）**，**RC連続地中壁**が用いられるようになっている。鋼芯材を持つソイルセメント壁は，RC連続地中壁のような掘削土と泥水処理の必要がないので多用される傾向にある。

表-1.3　土留め壁工法の種類と特徴 [2]

工　法	特　徴
親杭横矢板壁：親杭(H形鋼)を地中に打設し，掘削の進行に伴って親杭の間に横矢板(木材)を挿入して土留め壁とする工法	・経済的な工法である。 ・止水性がないため，地下水位が低く自立性の高い地盤に適している。 ・地下水位が高い地盤では，排水工法との併用を検討する。 ・横矢板を挿入する前に崩れるような軟弱地盤には採用できない。
鋼矢板壁：鋼矢板の継手部をかみ合わせながら，連続して地中に打設した土留め壁	・止水性が良く，地下水位が高い地盤，軟弱地盤に用いられる。 ・市街地では，無騒音，無振動工法の併用が必要になる。 ・継手部の剛性低下を考慮する必要がある。
鋼管矢板壁：形鋼やパイプなどの継手を取り付けた鋼管を継手部をかみ合わせながら，連続して地中に打設した土留め壁	・止水性が良く，かつ断面性能が大きいので，地下水位が高い地盤，軟弱地盤の深い掘削工事に用いられる。 ・市街地では，無騒音，無振動工法の併用が必要になる。
ソイルセメント壁：セメント系固化材と原位置土とを混合撹拌したソイルセメント中にH鋼などの芯材を挿入した土留め壁(**SMW壁**ともいう)	・止水性が良く，かつ断面性能も任意に設定できるので，ほとんどの地盤と掘削深さに適用できる。 ・土質の種類によってソイルセメントの性能に違いが生じる。
RC連続地中壁：安定液を用いて地盤を掘削し，鉄筋コンクリートの連続した壁体を地中に構築した土留め壁	・土留め壁としての性能は最も高く，大規模，大深度の掘削工事や重要構造物に近接した掘削工事に用いられる。 ・本体構造物に利用できる。 ・工費が高く，工期が長い。

-15-

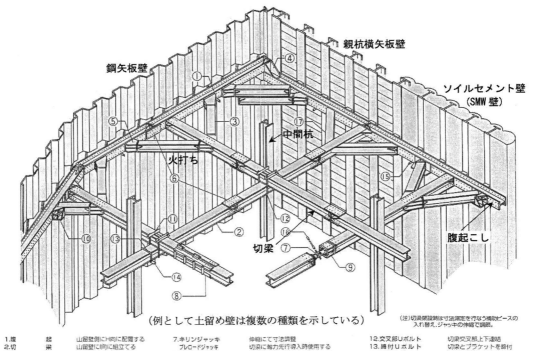

図-1.17 土留め壁と支保工

土留めは，一般に図-1.17に示すように，土圧，水圧を受ける土留め壁とそれを支える**切梁，腹起こし，火打ち**などの**支保工**から構成される。

一方，土留め壁の背面側に設置したアンカーで側圧を支持する**グラウンドアンカー工法**も採ることもある。掘削側の支保工は不要となるが，背面の地盤が硬い場合に採用される。

土留め壁に働く土圧の大きさと分布形は多くの要因によって変動するが，設計にはこれを矩形，台形分布に単純化して用いることが多いが（1.6.3参照），地盤種別の分類に注意を要する。

> 補足：**切梁**：土留め壁に作用する土圧や水圧などの外力を，腹起こしを介して支持する水平材をいう。一般にH形鋼やI形鋼が使われる。長い切梁では座屈を避けるために**中間杭**で固定する。
> **腹起こし**：土留め壁に沿って水平に設置した部材をいう。やはりH形鋼やI形鋼が使われる。土留め壁に作用する外力を切梁や火打ちに伝達する役割をする。
> **火打ち**：腹起こしと切梁を直交させる場合に，補強するために取り付ける斜材

> 補足：土木と建築で用語が異なる例を示す。土木の「**土留め**」は，建築では「**山留め**」といい，土木の「**掘削**」は，建築では「**根切り**」という。他にもいくつかあるので，場合によって使い分ける。

1.6.2 土留め壁に働く土圧の例

　大規模な掘削では土留め壁と地盤の変形を計測し，設計値と対照しながら施工する「**観測施工**」または「**情報化施工**」を採ることが多い。**図-1.18**は埋立荷重による圧密が完了していない若齢な沖積粘土層をもつ地盤の掘削工事（掘削幅約40m，掘削深度約18m）における土留め壁の変形と土水圧（側圧）の計測例である。土留め壁は直径1.5mの鋼管矢板であるが，掘削側に大きくはらみだしている。掘削とともに背面側の土圧は減少して主働土圧状態に，掘削側の土圧は増大して受働土圧状態になっている。ただし，掘削側の土圧は，掘削に伴う土被り圧の減少，地下水位低下の影響（掘削側は通常，盤膨れ対策のために水位低下工法を併用），土留め壁の変形の影響，地盤の変形による強度変化，施工時間など，背面側に比べて格段に複雑な力学現象を含んでいる。**図-1.19**は土圧と水圧を分離して計測した例である。

　軟弱粘土地盤における掘削時の土留め壁に働く土圧と水圧は，連成して変化することや精度よく計測できた事例が少ないことから，不明確な点が残されている。そのため，実際の土留め壁の設計では，土圧と水圧を合算した側圧（全応力）で評価して外力を設定しているのが実情である。

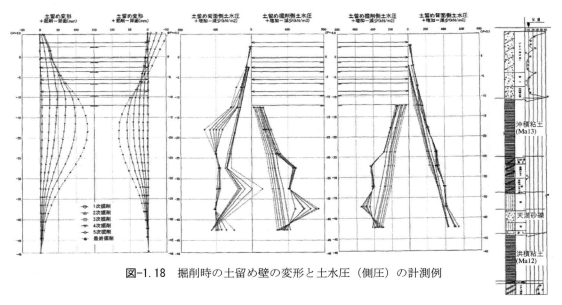

図-1.18 掘削時の土留め壁の変形と土水圧（側圧）の計測例

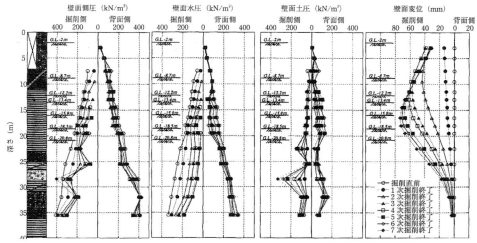

図-1.19 掘削時の土留め壁の変形と側圧，水圧，土圧の計測例[4]

1.6.3 土留め壁の応力算定方法

土留め壁の設計・施工に関しては，学会，協会，官公庁，企業体などの諸機関で基準が発行されている。これらの基準は国内外の研究成果と数多くの工事実績が反映されたものであるが，各基準で異なった考え方（土圧分布の与え方など）を採っており，土留め工事の複雑さと難しさを象徴している。

土留めの設計法は以下の2種類があるが，中小規模の土留めには慣用設計法が，大規模の土留めには弾塑性法が採用される。ここでは算定方法のみを述べる。具体的な計算例は文献2), 5)を参照されたい。

(1) 慣用計算法

図-1.20 に示すように，土留め壁を切梁位置および掘削側地盤内に仮定した仮想支持点（表-1.4 の根入れ長算定用側圧による）を支点とする単純梁または連続梁とし，土留め壁に表-1.5 の断面設計用側圧（各基準で決まっている）を作用させて，土留め壁の曲げモーメント，せん断力や切梁の反力を求める手法である。地盤内の仮想支持点位置は通常，受働側圧の合力位置とする。ただし，掘削の施工段階を考慮できないので，浅い掘削や良好な地盤条件の場合に用いられる。

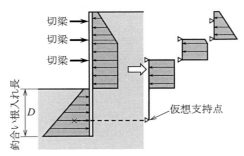

図-1.20 慣用計算法（単純梁モデル）[2]

(2) 弾塑性法（梁・ばねモデル）

図-1.21 に示すように，土留め壁を切梁等の支保工の弾性ばねと掘削側地盤の弾塑性ばねによって支えられた連続梁として，その連続梁に側圧（背面側側圧，掘削側受働側圧，平衡側圧）を作用させて土留め壁の応力，変形や切梁の反力を求める手法である（表-1.6～1.8参照）。この手法では，切梁位置の土留め壁の変位を考慮することによって掘削の施工段階を考慮できること，掘削側の抵抗側圧として土留め壁の変位に応じて弾性領域，塑性領域を設定できることなど，実際に近い土留め挙動を表現できるといわれている。土留め壁の応力算定では，土留め壁が変位しない状態で作用する側圧（平衡側圧）を背面側と掘削側の側圧から削除する方法が用いられる。

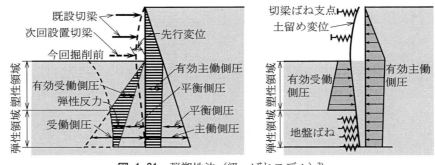

図-1.21 弾塑性法（梁・ばねモデル）[2]

第1章 地盤の土圧

表-1.4 根入れ長算定用側圧（慣用計算法）[5)~9)]

建築学会，道路土工	土木学会	建築学会
（土圧・水圧分離）砂質土地盤	（土圧・水圧分離）砂質土地盤	（土圧・水圧含む）砂質土・粘土地盤

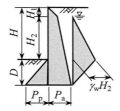
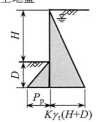

建築学会，道路土工（砂質土地盤）:

$P_a = \{\gamma H_1 + \gamma'(H_2+D)\}K_a - 2c\sqrt{K_a}$
$P_p = \gamma' D K_p + 2c\sqrt{K_p}$
$K_a = \tan^2(45°-\phi/2)$
$K_p = \tan^2(45°+\phi/2)$
γ：土の単位体積重量
γ'：土の水中単位体積重量
ϕ：土のせん断抵抗角
c：土の粘着力

土木学会（砂質土地盤）:

$P_a = \{\gamma H_1 + \gamma'(H_2+D)\}K_a - 2c\sqrt{K_a}$
$P_p = \gamma' D K_p + 2c\sqrt{K_p}$
$K_a = \tan^2(45°-\phi/2)$
ただし，$K_a \geq 0.25$
$K_p = \dfrac{\cos^2\phi}{\left[1-\sqrt{\dfrac{\sin(\phi+\delta)\cdot\sin\phi}{\cos\delta}}\right]^2}$
δ：壁面摩擦角（$\delta = \phi/2$とする）

建築学会（砂質土・粘土地盤）:

$P_p = \gamma' D K_p + 2c\sqrt{K_p}$
$K_p = \tan^2(45°+\phi/2)$

側圧係数 K

砂質地盤の地下水位が	
高い場合	0.3〜0.7
低い場合	0.2〜0.4

粘土地盤	
軟らかい	0.5〜0.8
硬い	0.2〜0.5

（土圧・水圧分離）粘土地盤

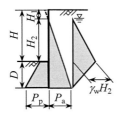

$P_a = \{\gamma H_1 + \gamma'(H_2+D)\}K_a - 2c\sqrt{K_a}$
$P_p = \gamma' D K_p + 2c\sqrt{K_p}$
$K_a = \tan^2(45°-\phi/2)$
$K_p = \tan^2(45°+\phi/2)$
※最小土圧の規定

（土圧・水圧含む）粘土地盤

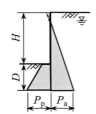

$P_a = \gamma(H+D)K_a - 2c\sqrt{K_a}$
$P_p = \gamma D K_p + 2c\sqrt{K_p}$
K_a，K_p，δは上と同じ

※最小土圧の規定

※最小土圧の規定
（土木学会，道路土工，鉄道総合技術研究所）
最小土圧は$P_a = 0.3\gamma h$とし，ランキン・レザールの土圧・水圧と比較して大きい方を用いる。

表-1.5 断面計算用側圧（慣用計算法）[5]~[9]

ランキン式による側圧分布	実測値により推定された側圧分布			
建築学会	建築学会	土木学会	鉄道総合技術研究所	道路土工

砂質土地盤

（土圧・水圧分離）	（土圧・水圧含む）	（土圧・水圧含む）	（土圧・水圧分離）	（土圧・水圧分離）

ランキン式（建築学会）：

$P_a = (\gamma_t H - P_w)K_a - 2c\sqrt{K_a}$

$K_a = \tan^2(45° - \phi/2)$

γ_t：土の湿潤単位体積重量
P_w：背面側水圧
ϕ：土のせん断抵抗角
c：土の粘着力

建築学会（実測）：
γ_t：土の湿潤単位体積重量
K：側圧係数

建築学会
| 地下水位が高い場合 | 0.3〜0.7 |
| 地下水位が低い場合 | 0.2〜0.4 |

下水道事業団
Z：最終掘削深さ
$0.60 \sim 0.022$

土木学会：
$\gamma = 17$ kN/m³
q：上載荷重
見掛けの土圧係数 K
| 砂 | 0.2〜0.3 |

※地下水位が高い場合，水圧を別途考慮する必要がある

鉄道総合技術研究所：
$0.65K_a\gamma H$
$0.65K_a(\gamma H_1 + \gamma' H_2)$
$K_a = \tan^2(45° - \phi/2)$
ただし，$K_a \geqq 0.25$

道路土工：
$a \cdot b \cdot \bar{\gamma}$
$\bar{\gamma}$：土の平均単位体積重量
b：地質による係数
| 砂質土 | $b=2$ |
a：掘削深さHによる係数
$5m \leqq H$：$a=1$
$5m > H \geqq 3m$：$a=1/4(H-1)$
aの規定：道路協会はあるが，道路公団はなし

粘土地盤

（土圧・水圧分離）	（土圧・水圧含む）	（土圧・水圧含む）	（土圧・水圧含む）	（土圧・水圧分離）

ランキン式（建築学会）：

$P_a = (\gamma_t H - P_w)K_a - 2c\sqrt{K_a}$

$K_a = \tan^2(45° - \phi/2)$

建築学会（実測）：
K：側圧係数
| 軟らかい粘土 | 0.5〜0.8 |
| 硬い粘土 | 0.2〜0.5 |

下水道事業団
軟らかい粘土
$K = 0.80 - 0.025Z$
硬い粘土
$K = 0.60 - 0.01Z$

土木学会：
$\gamma = 16$ kN/m³
見掛けの土圧係数 K
| 軟らかい粘土 $N \leqq 4$ | 0.4〜0.5 |
| 硬い粘土 $N > 4$ | 0.2〜0.4 |

鉄道総合技術研究所：
$0.4\gamma H$
$N \leqq 4$の土圧係数K_1
| 粘性土 $N \leqq 4$ | 0.5〜0.7 |
$N > 4$の土圧係数K_2
| 粘性土 $4 < N \leqq 8$ | 0.3〜0.4 |
| $N > 8$ | 0.2 |

道路土工：
$a \cdot c \cdot \bar{\gamma}$
c：地質による係数
| 粘性土 $N \leqq 5$ | $c=6$ |
| $N > 5$ | $c=4$ |
a：掘削深さHによる係数
$5m \leqq H$：$a=1$
$5m > H \geqq 3m$：$a=1/4(H-1)$
aの規定：道路協会はあるが，道路公団はなし

第1章　地盤の土圧

表-1.6　背面側側圧（弾塑性法）[5)~9)]

	方式	背面側側圧式	規基準
理論式	①ランキン・レザール式	$P_a = K_a(q + \gamma h - P_w) - 2c\sqrt{K_a} + P_w$ $K_a = \tan^2(45° - \phi/2)$	建築学会 土木学会 道路土工 （砂質土）
	②クーロン式	$P_a = K_a(q + \gamma h - P_w) - 2c\sqrt{K_a} + P_w$ $K_a = \dfrac{\cos^2\phi}{\left\{1 + \sqrt{\dfrac{\sin(\phi+\delta)\cdot\sin\phi}{\cos\delta}}\right\}^2}$ 壁面摩擦角 $\delta = \phi/2$ を考慮する	高速道路 株式会社 3者共通

	方式	背面側側圧式	規基準
側圧係数を直接与える方法	③三角形分布	$P_a = K_a \gamma z$	建築学会

地　盤		側圧係数
砂地盤	地下水位が浅い場合	0.3~0.7
	地下水位が深い場合	0.2~0.4
粘土地盤	軟らかい粘土	0.5~0.8
	硬い粘土	0.2~0.5

土圧，水圧一体として計算する

④共同溝方式

$h \leqq H$ では，$P_a = K_{a1}(q + \gamma z)$　　h：算定深度(m)，H：掘削深度(m)

$h > H$ では，$P_a = K_{a1}(q + \gamma z) + K_{a2}\gamma(h - H)$

規基準：道路土工　鉄道建設・運輸施設整備支援機構

土　質		K_{a1}		K_{a2}
		推定式	最小値	
粘性土	$(8 \leqq N)$	$0.5 - 0.01H$	0.3	0.5
〃	$(4 \leqq N < 8)$	$0.6 - 0.01H$	0.4	0.6
〃	$(2 \leqq N < 8)$	$0.7 - 0.025H$	0.5	0.7
〃	$(N < 2)$	$0.8 - 0.025H$	0.6	0.8

粘性土に対して適用する

表-1.7　掘削側受働側圧（弾塑性法）[5)~9)]

	方式	掘削側受働側圧式	規基準
理論式	①ランキン・レザール式	$P_p = K_p(q + \gamma h - p_w) - 2c\sqrt{K_a} + p_w$ $K_p = \tan^2(45° + \phi/2)$	建築学会 土木学会
	②クーロン式	$P_p = K_p(q + \gamma h - p_w) + 2c\sqrt{K_a} + p_w$ $K_p = \dfrac{\cos^2\phi}{\left\{1 - \sqrt{\dfrac{\sin(\phi+\delta)\cdot\sin\phi}{\cos\delta}}\right\}^2}$ 壁面摩擦角 $\delta = \phi/2$ または $\delta = \phi/3$ を考慮する	道路土工 鉄道建設・運輸施設整備支援機構

表-1.8　平衡側圧（弾塑性法）[5)~9)]

土質		側圧式	K_0の取り方	規基準
砂質土	①	$P_0 = K_0(\gamma h - p_w) + p_w$	$K_0 = 1 - \sin\phi$（Jakyの式）	殆どの基準
粘性土	②	$P_0 = K_0(q + \gamma h)$	（下表参照）	土木学会 道路土工

粘性土のN値	K_0
$N \geqq 8$	0.5
$4 \leqq N < 8$	0.6
$2 \leqq N < 4$	0.8
$N < 2$	0.8

-21-

1.6.4 掘削底面の安定検討
(1) ヒービングの検討

ヒービングとは，軟弱な粘性土地盤を掘削する場合に，土留め壁の背面の土の重量によって，掘削底面の土がすべり破壊して土留め壁の内側に土が回り込み，盛り上がってくる現象である。その検討は，図-1.22に示すように掘削底面でのモーメントの釣合いから，次式のようになる（通常，安全率1.2以上とする）。

$$\text{滑動モーメント } M_d = W \cdot \frac{x}{2} = (\gamma H + q)x \cdot \frac{x}{2},$$

$$\text{抵抗モーメント } M_r = x\int_0^\pi c \cdot x \cdot d\theta = \pi \cdot c \cdot x^2$$

$$\therefore \text{安全率 } F_S = \frac{M_r}{M_d} = \frac{\pi \cdot c \cdot x^2}{(\gamma H + q)x^2/2} = \frac{2\pi \cdot c}{\gamma H + q} \geq 1.2 \tag{1.34}$$

(2) ボイリングの検討

地下水位の浅い砂質地盤を掘削すると，土留め壁の背面から掘削面に向かう上向きの浸透流が生じる。ボイリングとは，この浸透流による浸透水圧が掘削側の土の有効応力よりも大きくなり，掘削底面の砂層は湧き出す現象をいう。その検討は，図-1.23に示すように限界動水勾配i_cと動水勾配iの比を安全率と考えれば，次式のようになる（安全率は1.0以上とする）。

$$\text{安全率 } F_S = \frac{i_c}{i} = \frac{\gamma'/\gamma_w}{h/(h+2D_f)} = \frac{\gamma'(h+2D_f)}{\gamma_w h} \tag{1.35}$$

(3) 盤ぶくれの検討

掘削底面下に不透水層（粘性土）があり，その下に被圧帯水層がある地盤を掘削する場合，掘削によって土被り圧が減少し，被圧帯水層の水圧の方が上回ると，掘削底面が膨れ上がる。この現象を盤ぶくれという。その検討は，図-1.24に示すように土被り圧σと水圧uの比を安全率と考えれば，次式のようになる（安全率は1.0以上とする）。

$$\text{安全率 } F_S = \frac{\sigma}{u} = \frac{\gamma_t d}{\gamma_w h} \tag{1.36}$$

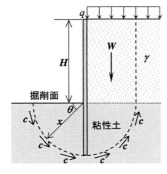
図-1.22 ヒービングの検討

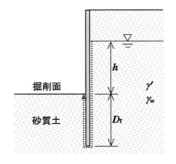
図-1.23 ボイリングの検討

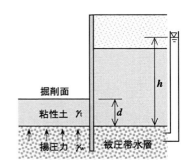
図-1.24 盤ぶくれの検討

第1章 地盤の土圧

演習 1.1 右図のような砂質地盤を支える擁壁がある。地下水位が以下の場合の擁壁に作用する主働全土圧（Rankin）と全水圧およびその合力と作用点高さを求めよ。
  (1) 地下水位なし
  (2) 擁壁下面から 3m 位置に地下水位あり
  (3) 地表面に地下水位あり

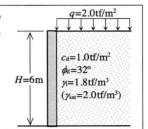

強度定数 c_d, ϕ_d の数値は，出題当日変更する。

演習 1.2 右図のような砂質地盤（地下水位なし）を支えるコンクリート製の L 型擁壁がある。土圧は Rankin で求め，擁壁底面の摩擦角 δ を 15° とすると，
  (1) L 型擁壁が滑動しないようにするためには，根入れ H_p はどの程度必要か。ただし安全率 F_s を 1.5 とする。
  (2) L 型擁壁の転倒に対する安定性（$F_s=1.5$）を検討せよ。もし安定性を満足しない場合，満足する根入れ H_p を求めよ。

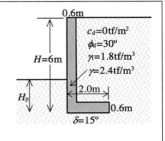

強度定数 c_d, ϕ_d の数値は，出題当日変更する。

演習 1.3 下図(1)〜(3)の掘削地盤の安定検討を行え。
  (1) ヒービングを起こさないために必要な粘性土地盤の一軸圧縮強さ q_u を求めよ（$F_s=1.2$）。
  (2) ボイリングを起こさないために必要な土留め壁の根入れ D_f を求めよ（$F_s=1.0$）。
  (3) 盤膨れを起こさないために必要な掘削面の高さ d を求めよ（$F_s=1.0$）

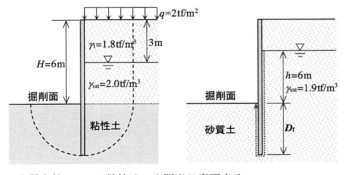
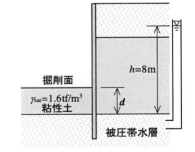

土質定数 γ_t, γ_{sat} の数値は，出題当日変更する。

-23-

引用文献

1) 松岡元：土質力学，森北出版，pp.193～194，1999.

2) 地盤工学会：新編 土と基礎の設計計算演習，pp.235～239，2000.

3) 国土交通省：宅地擁壁の健全度判定・予防保全対策マニュアル，https://www.mlit.go.jp/toshi/content/001474700.pdf，2022.

4) 杉本隆男，玉野富雄：土留め工の力学理論とその実証，技報堂出版，pp.45-46，2003

5) 地盤工学会：新しい設計法に対応した 土と基礎の設計計算演習，pp.199～201，2017.

6) 土木学会：トンネル標準示方書（開削編）・同解説，2006.

7) 日本建築学会：山留め設計施工指針，2002.

8) 日本道路協会：道路土工（仮設構造物工指針），1999.

9) 鉄道総合技術研究所：鉄道構造物等設計標準・同解説【開削トンネル】掘削土留工の設計，2001.

第2章
地盤の支持力

　本章では，地盤の支持力について説明する。まず，構造物を支える基礎の種類と地盤の支持力の関係を説明する。次に，構造物荷重を基礎底面から地盤に直接伝える「直接基礎」に対する支持力理論と支持力の算定方法を説明する。さらに，構造物荷重を基礎部の下に打設した杭で支える「杭基礎」の種類・分類，支持力理論及び支持力の算定方法を説明する。ただし，支持力の理解のためには土圧と同様に，土質力学におけるせん断強さの知識が必須であるので，事前に復習を行うことが必要である。

平板載荷試験の例

2.1 基礎と支持力とは

一般に，構造物荷重と外力を地盤に伝える媒体を**基礎**（foundation）と呼び，地盤が基礎から受ける荷重を支える能力を**支持力**（bearing capacity）という。基礎には**図-2.1**に示すような**直接基礎**（spread foundation），**杭基礎**（pile foundation），**ケーソン基礎**（caisson foundation）に大別される。また，フィルダムや堤体のような盛土構造物の場合には，これを支える地盤表層部を基礎（あるいは基礎地盤）と呼ぶこともある。直接基礎は荷重を基礎底面から地盤に直接伝えるもので，表層地盤が比較的硬い場合に用いられる。杭基礎は基礎部の下に打設した杭で荷重を支えるもので，表層地盤が軟らかく，直接基礎を適用できない場合に用いられる。ケーソン基礎は通常地上で作成したコンクリート製のもので，杭基礎が適用できない場合や基礎に大きな剛性が必要な場合に用いられる。なお，建築分野では基礎スラブ（フーチング基礎部）直下の地盤や杭部のことを**地業**（じぎょう or ちぎょう）と呼んでいる。

また，基礎は地盤の支持力機構の面から，**浅い基礎**（shallow foundation）と**深い基礎**（deep foundation）に分類される。後述する支持力理論において，**図-2.2**に示すように，地盤のすべり面が地表面まで達するものを浅い基礎，すべり面が地盤内部で閉じるものを深い基礎としている。基礎の根入れ深さ D_f と基礎幅 B の関係でいえば，根入れ幅比 $D_f/B \leqq 1$ を浅い基礎，$D_f/B > 1$ を深い基礎としている。先の直接基礎は浅い基礎に，杭基礎やケーソン基礎は深い基礎に分類される。

本章では，浅い基礎に相当する直接基礎の支持力と深い基礎に相当する杭基礎の支持力の基礎理論を以下で説明する。

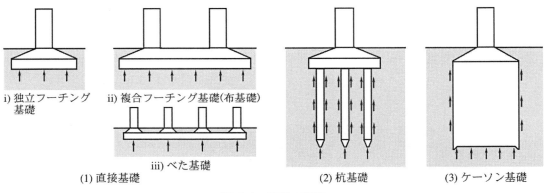

図-2.1 基礎の種類

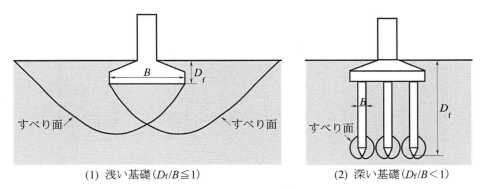

図-2.2 浅い基礎と深い基礎

2.2 直接基礎の支持力

2.2.1 地盤の支持力と破壊形式

地盤の支持力を直接測定する地盤調査として，**平板載荷試験**（2.2.2 参照）がある。この試験では地盤表面に直径 300mm の剛な平板を置いて順に荷重を加えていく。この試験から得られる荷重-沈下量曲線の形状は，**図-2.3** に示すような 2 種類の場合になる。曲線①は密な砂地盤や硬い粘土地盤で見られるもので，初期に弾性的な沈下を示した後，ある荷重 q_f を超えると急激な沈下を示して地盤がせん断破壊する。このような降伏点を持つ破壊形態を**全般せん断破壊**（general shear failure）と呼び，地盤が支持しうる最大荷重 q_f を**極限支持力**（ultimate bearing capacity）という。一方，曲線②は緩い砂地盤や軟らかい粘土地盤で見られるもので，明瞭な降伏点を示さず，局部的な破壊が進行し，徐々に沈下が増大していく。このような破壊形態を**局部（局所）せん断破壊**（local shear failure）と呼ぶ。この場合には極限支持力は定義し難いが，初期と後半の直線部の交点や両対数図上でのプロットにおける折れ点などの手法によって極限支持力 q_f' を決めている。両者の地盤の破壊形態を**図-2.4**に示す。全般せん断では地盤が同時にせん断破壊するが，局部せん断では局部的にせん断破壊が起こり，それが徐々に拡がる進行性破壊を示す。

基礎の設計は，基礎を置く地盤の破壊に対する安全性を考える必要がある（基礎の重要性や土質定数の精度を考慮）。極限支持力に対して安全率を見込んで求められる支持力 q_a を**許容支持力**（allowable bearing capacity）という。基礎設計における安全率は 3 を採ることが多い。ただし，構造物の種類や機能に応じて許される沈下量には制約（多くの場合，不同沈下量）があり，**許容沈下量**（allowable settlement）から決める場合もある。特に，不同沈下を嫌う不静定構造物や沈下量の大きい軟弱地盤上の構造物は後者で設計されることが多い。この両者を比べて小さい方の支持力を建築分野では**許容地耐力**（allowable bearing power）と呼び，これを用いて建築基礎の設計が行われる。

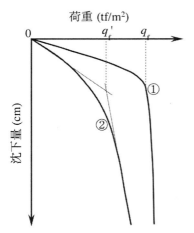

図-2.3 平板載荷試験による荷重-沈下量曲線の例

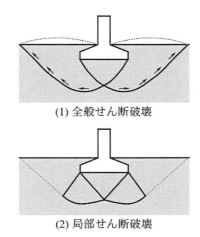

図-2.4 地盤の破壊形態

2.2.2 地盤の平板載荷試験とは

地盤の平板載荷試験（p.25 写真参照）は，地盤に設置した載荷板の荷重と沈下量を測定してその関係から，地盤の極限支持力や地盤反力係数など地盤の変形と支持力特性を求めるために実施される。比較的簡便で直接的な試験で，その試験方法は「地盤の平板載荷試験方法」として地盤工学会で基準化されている（JGS 1521）。なお，同様な試験として「道路の平板載荷試験方法」（JIS A 1215）もあるが，これは道路・空港の分野で主に地盤反力係数を求めるための試験となっている。

載荷板は，図-2.5(1)に示すような300mm以上の円形の鋼板（厚み25mm以上）を用いる（建築物を対象とする試験では300mmの載荷板が多く用いられている）。地盤を半無限の表面をもつ等方連続体と見なし，図-2.5(2)に示すように載荷板の中心から半径1.0m以上の範囲を水平に整地する。試験地盤に礫が混入する場合には，礫の最大径が載荷板の直径の1/5程度までを目安とし，この条件を満たさない場合は大型の載荷板を用いることが望ましい。反力装置にはアンカーによる方法と実荷重による方法があるが，アンカー体や実荷重受台はいずれも載荷板中心から1.5m以上離して配置する。

載荷方法は，荷重制御による段階式載荷または段階式繰返し載荷を行い，載荷荷重に対する地盤の沈下量（1.0m以上離した基準点に設置した基準ばりからの沈下量）を変位計（原則4点）で測定する。

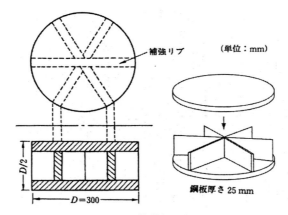

(1) 載荷板の例

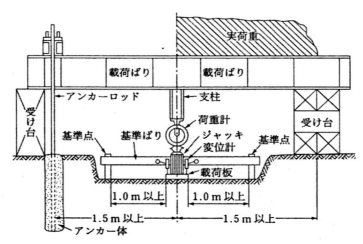

(2) 試験用具の設置例（左半分はアンカー，右半分は実荷重で反力をとる場合）
図-2.5　地盤の平板載荷試験[1]

載荷面積の違いによる載荷の影響範囲の概念図を図-2.6に示すが，平板載荷試験によって求められる支持力特性は載荷板の1.5～2.0倍程度の深さの地盤が対象であり，例えば300mmの載荷板を用いた場合は450～600mm程度の深さの地盤が対象となる。このように試験結果は載荷板の大きさに対応した地盤の支持力であることを十分に認識する必要がある。したがって，載荷板直径の2倍程度よりも深い地盤を対象とする場合には，さらに掘削して載荷試験を実施する必要がある。

第 2 章　地盤の支持力

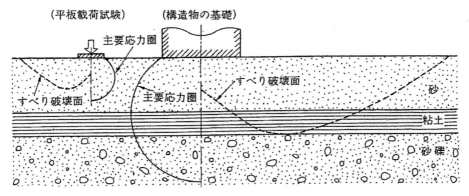

図-2.6　構造物の基礎と載荷板の大きさの関係[1]

> **補足：地盤の支持力あれこれ**
>
> 1）**砂浜**：体重60kgf，足サイズ25 cm×8 cm（面積200 cm^2）の人が砂浜に立った場合，両足で0.15 kgf/cm^2（=1.5 tf/m^2）（片足で3.0 tf/m^2）の載荷重を砂浜は支えるため，この程度の支持力は十分もっている。ただし，下駄やハイヒールを履いていると，載荷重が大きくなり，支持力不足で埋まってしまう。
>
> 2）**田植え**：軟弱な田んぼでは支持力は極小さいため，大人は膝近くまでもぐってしまう。しかし，相対的に荷重の軽い子供ではくるぶし程度までしか沈まない。
>
> 3）**月面着陸**：アポロ11号の月着陸船（質量約9.6 ton）は，直径60 cm（面積0.28m^2）の4本の脚で月面上に着陸した。しかし，月の重力は地球の1/6であるので，月の地盤は9.6tf/6/(0.28m^2・4)＝1.4tf/m^{2}の支持力は十分持っていたことになる（ただし，着陸時の衝撃を考えればその数十倍はあろう）。
>
> 4）**ゴジラ対ビオランテ（1989）**：この東宝映画では，ゴジラは大阪湾から当時建設途中にあった関西空港近くの海の中を歩き，大阪市に上陸した。この時のゴジラは身長100m，体重6万tonであった。足のサイズを15 m×8 m（面積120 m^2）とすれば，両足で250 tf/m^2，片足で500tf/m^{2}の荷重となるため，層厚約20 mの沖積粘土層はもちろん，その下の洪積層でもゴジラの体重を支えるだけの支持力はなく，足は地盤にめり込んでしまう（しっぽで支えた説もあり）。ゴジラは絶対に大阪湾や大阪市内（上町台地を除く）の地表を普通に歩くことはできない！（250 tf/m^{2}の支持力を得るためには，粘土地盤では一軸圧縮強さq_u>10 kgf/cm^{2}必要，詳しくはp.32参照）

2.2.3 ランキン（Rankin）の土圧論に基づく支持力理論

図-2.7(1)は帯状基礎（奥行き方向に連続）の底面が滑らか（土が自由に滑る）の場合の地盤破壊を模式的に表したものである。この図を 90° 左に回転させれば，基礎が地盤を押す状態，すなわち土圧と同じ状態であることがわかる。図(2)に示すように，この状態をRankineの主働領域（図の領域Ⅰ）と受働領域（Ⅱ）で構成されると仮定すると，土の強度定数 c, ϕ, 土の単位体積重量γとすれば，すべり面の角度は主働側で水平面から [$45°+\phi/2$]，受働側で [$45°-\phi/2$] となるので，それぞれの領域の土圧は，

領域Ⅰ： $\dfrac{P_a}{H} = \left(\dfrac{Q}{B} + \dfrac{\gamma H}{2}\right) K_a - 2c\sqrt{K_a}$

領域Ⅱ： $\dfrac{P_p}{H} = \left(q + \dfrac{\gamma H}{2}\right) K_p + 2c\sqrt{K_p}$

ここに， $H = \dfrac{B}{2}\tan\left(45° + \dfrac{\phi}{2}\right) = \dfrac{B}{2}\sqrt{K_p}$

ここで，領域Ⅰと領域Ⅱの力が釣り合っているとして，等しいとすれば，

$$\dfrac{Q}{B}K_a + \dfrac{\gamma H}{2}K_a - 2c\sqrt{K_a} = qK_p + \dfrac{\gamma H}{2}K_p + 2c\sqrt{K_p}$$

$$q_f = \dfrac{Q}{B} = c\dfrac{2(\sqrt{K_a}+\sqrt{K_p})}{K_a} + q\dfrac{K_p}{K_a} + \dfrac{\gamma B}{2}\dfrac{\sqrt{K_p}}{2}\dfrac{K_p - K_a}{K_a}$$

$$= c\dfrac{2(\sqrt{K_a}+\sqrt{K_p})K_p}{K_a K_p} + q\dfrac{K_p^2}{K_a K_p} + \dfrac{\gamma B}{2}\dfrac{\sqrt{K_p}}{2}\dfrac{(K_p - K_a)K_p}{K_a K_p}$$

ここで，$K_a \cdot K_p = 1$ であるので，

$$q_f = c\left\{2(1+K_p)\sqrt{K_p}\right\} + qK_p^2 + \dfrac{\gamma B}{2}\left\{\dfrac{1}{2}(K_p^2 - 1)\sqrt{K_p}\right\}$$

よって，極限支持力 q_f は，

$$q_f = \dfrac{Q}{B} = cN_c + qN_q + \dfrac{\gamma B}{2}N_\gamma \tag{2.1}$$

ただし， $N_c = 2(1+K_p)\sqrt{K_p}$, $N_q = K_p^2$, $N_\gamma = \dfrac{1}{2}(K_p^2 - 1)\sqrt{K_p}$

式(2.1)から，支持力は3成分からなることになる。すなわち，**土の粘着力**，**上載荷重（根入れ）**，**自重**の項からなる。N_c, N_q, N_γはそれぞれに関わる係数で，土圧係数 K_a, K_p はϕの関数であったので，いずれもϕのみの関数となる。これらを**支持力係数**と呼ぶ。基礎に根入れのある場合（根入れ幅比 $D_f/B \leq 1$ の浅い基礎の範囲）は，近似的に**図-2.8**のように $q = D_f \cdot \gamma$ として地盤の上載荷重として扱うことができる（ただし，この部分の地盤のせん断抵抗は考えない）。

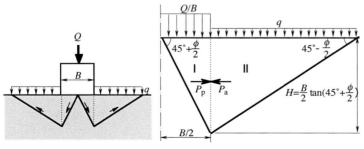

(1) 基礎底面滑の場合の破壊形態　　(2) 領域ⅠとⅡの力の釣合い

図-2.7　ランキンの土圧論に基づく支持力

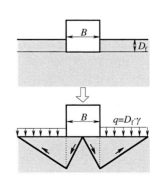

図-2.8　根入れの扱い

第 2 章　地盤の支持力

　以上では**図-2.7**の領域Ⅰ，Ⅱのすべり面全域の塑性化（破壊）を仮定していたが（全般せん断破壊），ゆるい土では基礎の下部から離れた土は遅れて塑性化する（局部せん断破壊）。ゆるい土の場合（$c=0$とする）には，領域Ⅱの土圧は受働土圧K_pまで到らず，静止土圧K_0に近いと考えられる。

$$領域Ⅰ : \frac{P_0}{H} = \left(\frac{Q}{B} + \frac{\gamma H}{2}\right)K_a$$

$$領域Ⅱ : \frac{P_0}{H} = \left(q + \frac{\gamma H}{2}\right)K_0$$

したがって，先と同様に，領域Ⅰ＝領域Ⅱとして，$H = \frac{B}{2}\sqrt{K_p}$，$K_a \cdot K_p = 1$ の関係を用いると，

$$\frac{Q}{B}K_a + \frac{\gamma H}{2}K_a = qK_0 + \frac{\gamma H}{2}K_0$$

$$q_0 = \frac{Q}{B} = q\frac{K_0}{K_a} + \frac{\gamma B}{2}\frac{\sqrt{K_p}}{2}\frac{K_0 - K_a}{K_a}$$

$$= q\frac{K_0 K_p}{K_a K_p} + \frac{\gamma B}{2}\frac{\sqrt{K_p}}{2}\frac{(K_0 - K_a)K_p}{K_a K_p}$$

$$= qK_0 K_p + \frac{\gamma B}{2}\left\{\frac{1}{2}(K_0 K_p - 1)\sqrt{K_p}\right\}$$

$$q_0 = \frac{Q}{B} = qN_{q0} + \frac{\gamma B}{2}N_{\gamma 0} \tag{2.2}$$

ただし，$N_{q0} = K_0 K_p$，$N_{\gamma 0} = \frac{1}{2}(K_0 K_p - 1)\sqrt{K_p}$

例えば，$\phi = 30°$ の場合は $K_a = 1/3$，$K_p = 3$，またヤーキー式 $K_0 = 1 - \sin\phi'$ によると，$K_0 = 0.5$ となるから，

$$\frac{N_\gamma}{N_{\gamma 0}} = \frac{(K_p{}^2 - 1)\sqrt{K_p}}{(K_0 K_p - 1)\sqrt{K_p}} = \frac{13.9}{0.87} = 16.0$$

全域のせん断抵抗が同時に発揮されない局部せん断破壊の場合は，全般せん断破壊の場合の 1/16 程度の支持力となる。これらは両極端であり，実際は両者の中間となる。

2.2.4　テルツァーギ（**Terzaghi**）の支持力理論 [2]

　2.2.3 では基礎底面が滑らか（土が自由に滑る）の場合を考えたが，実際の基礎底面は粗（底面の土が動かない）と考えるのが一般的である。基礎底面が粗である場合には，底面下の地盤は水平方向に動けず，基礎にくっ付いたくさびが剛体として挙動することになる。テルツァーギはこのように考え，**図-2.9**のようなすべり形状とし，領域Ⅰ（主働領域）のくさびが下がるのを領域Ⅱ（遷移領域）の放射状のせん断領域と領域Ⅲ（受働領域）の Rankine 受働土圧で抵抗するとした（ただし，領域Ⅰのくさびが基礎とのなす角度をϕとしたが，これは誤りで $45°+\phi/2$ が正しい）。

　領域Ⅰのくさびに作用する力は，基礎に作用する外力 $q_f B$，粘着力 c_a，自重および受働土圧 P_p である。したがって，鉛直方向の力の釣り合いから，

$$q_f B + \frac{1}{2}\gamma_1 B^2 \tan\phi - 2P_p - Bc_a \tan\phi = 0 \tag{2.3}$$

上式では受働土圧だけが未知数である（したがって，2.2.3 と同様に支持力問題は土圧問題に帰着する）。くさびを壁と考えれば，その高さ $H(=B/2\tan\phi)$ での受働土圧 P_p は，

$$P_p = \frac{1}{2}\gamma_1 H^2 K_p + qHK_p + 2cH\sqrt{K_p} \tag{2.4}$$

ただし，ランキン土圧ではすべり面を直線としているのに対して，この場合は曲線であるので，その影響を取り入れて式(2.4)を式(2.3)に代入して整理すれば，極限支持力 q_f は式(2.1)と同形で表される。

-31-

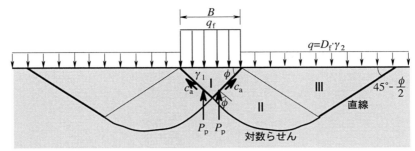

図-2.9 テルツァーギによる支持力のメカニズム

$$q_f = cN_c + qN_q + \frac{1}{2}\gamma_1 BN_\gamma \tag{2.5}$$

式(2.1)と同様に，N_c，N_q，N_γは土の粘着力，上載荷重（根入れ），自重の項からなる支持力係数で，これをテルツァーギは解析的に求め，ペック（Peck）とともに改良を加え（くさびの角度も $45°+\phi/2$ に修正），以下の式を提案している[2]。やはりいずれもϕのみの関数である。

$$N_q = \exp(\pi\tan\phi)\cdot\tan^2\left(45°+\frac{\phi}{2}\right) \tag{2.6}$$

$$N_c = (N_q - 1)\cdot\cot\phi \tag{2.7}$$

$$N_\gamma = (N_q - 1)\cdot\tan(1.4\phi) \tag{2.8}$$

ここで，粘土地盤を想定して$\phi_u=0$，$c=c_u$とすると，$N_c=5.14$（$\phi_u=0$では$N_c=\pi+2$となる），$N_q=1$，$N_\gamma=0$となるので，式(2.5)から，

$$q_f = 5.14c_u + q \tag{2.9}$$

となり，粘土地盤の極限支持力の目安（$q=0$ ではc_uの約5倍）を与える（p.29の**補足4**）から，$q_f=250\text{tf/m}^2$ の支持力を得るためには，粘土地盤では$c_u=50\text{tf/m}^2$，一軸圧縮強さ $q_u=2c_u=100\text{tf/m}^2=10\text{kgf/cm}^2$必要となり，これは深さ150m以深の洪積粘土の強さに相当する）。

以上の支持力は全般せん断破壊の場合である。局部せん断破壊の場合は，c，$\tan\phi$を以下のように近似的に2/3に低減させる。

$$c^* = \frac{2}{3}c,\ \tan\phi^* = \frac{2}{3}\tan\phi \tag{2.10}$$

上式のc^*，ϕ^*を式(2.5)～(2.7)に代入して得られる$N_c{'}$，$N_q{'}$，$N_\gamma{'}$を用いて次式で局部せん断破壊の支持力を求めることを提案している。

$$q_f{'} = \frac{2}{3}cN_c{'} + qN_q{'} + \frac{1}{2}\gamma_1 BN_\gamma{'} \tag{2.11}$$

以上のテルツァーギによる支持力係数をまとめると，**図-2.10**のように示される。

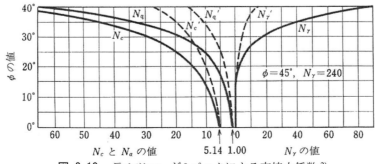

図-2.10 テルツァーギ&ペックによる支持力係数 [2]

-32-

2.2.5 建築基礎構造設計指針（2019版）[3]における支持力の算定
(1) 支持力式と支持力係数

帯状基礎を対象としたTerzaghiの支持力式(2.5)を基にして，任意の基礎形状，荷重の偏心・傾斜を考慮して極限支持力 q_f を次式で求める（他に平板載荷試験結果から求める方法もある）。

$$q_f = i_c \alpha c N_c + i_q \gamma_2 D_f N_q + i_\gamma \beta \gamma_1 B \eta N_\gamma \tag{2.12}$$

ここに，i_c, i_q, i_γ：荷重の傾斜に対する補正係数（(4)参照）（傾斜がなければ全て1）
  α, β：基礎の形状係数（(2)参照）
  η：基礎の寸法効果による補正係数（(3)参照）
  γ_1, γ_2：それぞれ支持地盤，根入れ部の単位体積重量
  D_f：根入れ深さ

支持力係数 N_c, N_q, N_γ は式(2.6)，(2.7)，(2.8)と同じであるが，$\phi=40°$ 以上では支持力係数が ϕ のわずかな設定値の変化に対して，きわめて大きく変動し，危険側の誤差となることがあるので，実用的な配慮から40°以上で一定値としている。支持力係数と ϕ の関係を**表-2.1**，**図-2.11**に示す。

(2) 形状係数 α, β

先に述べたように，支持力係数 N_c, N_q, N_γ は帯基礎（連続基礎）を対象としたものであるので，その他の基礎については基礎底面の形状によって，**表-2.2**に示す形状係数 α, β を乗じることによって補正する（De Beerの提案による）。なお，β には式(2.4)左辺第3項の1/2が含まれていることに注意する。

表-2.1 支持力係数

ϕ	N_c	N_q	N_γ
0°	5.1	1.0	0.0
5°	6.5	1.6	0.1
10°	8.3	2.5	0.4
15°	11.0	3.9	1.1
20°	14.8	6.4	2.9
25°	20.7	10.7	6.8
28°	25.8	14.7	11.2
30°	30.1	18.4	15.7
32°	35.5	23.2	22.0
34°	42.2	29.4	31.1
35°	46.1	33.3	38.2
36°	50.6	37.8	44.4
38°	61.4	48.9	64.1
40°以上	75.3	64.2	93.7

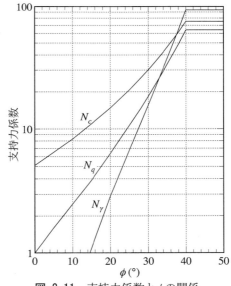

図-2.11 支持力係数と ϕ の関係

表-2.2 形状係数（建築基礎構造設計指針）

基礎形状	帯状	正方形	長方形	円形
α	1.0	1.2	1.0+0.2(B/L)	1.2
β	0.5	0.3	0.5−0.2(B/L)	0.3

L：長辺，B：短辺

(3) 基礎の寸法効果による補正係数 η

砂地盤の支持力係数 N_γ には基礎幅が大きくなると低下する性質(これを寸法効果という)がある。式(2.5)の自重に起因する支持力項 ($1/2\gamma_1 B N_\gamma$) は，基礎幅 B に比例することになるが，実際には寸法効果によってそうはならない。これまでの研究から基礎幅 B の-0.2～-1/3 乗に比例して N_γ が低下することがわかっている。そこで，寸法効果による補正係数 η として次式で算定する。

$$\eta = (B/B_0)^{-1/3} \tag{2.13}$$

上式で B_0 は基準基礎幅(=1m)であるため，事実上，$\eta = B^{-1/3}$ となる(ただし，B の単位は m)。すなわち，B=1，2，3，4m に対して，それぞれ η=1，0.794，0.693，0.630 となる。

(4) 荷重の偏心・傾斜に対する補正

基礎底面に作用する荷重が偏心・傾斜している場合には，それらの影響を考慮して支持力を補正する必要がある。具体的には，基礎梁の剛性が小さいと，鉛直荷重の作用点が基礎底面の図心と一致しない場合や，地震時や暴風時に水平力とモーメントが作用する場合が相当する。

① 偏心による補正

図-2.12 に示すように，帯状基礎が中心から偏心量 e に鉛直荷重を受ける場合には，基礎幅 B を $2e$ 分減らした有効基礎幅 B' で極限支持力を求める。これを Meyerhof(マイヤーホフ)の方法という。

$$B' = B - 2e \tag{2.14}$$

さらに，基礎が矩形で奥行き L にも偏心量 e_L がある場合には，$L' = L - 2e_L$，面積 $A' = B' \times L'$ として同様な扱いをすればよい。

② 傾斜による補正

図-2.13 に示すように，荷重が角度 θ だけ傾斜して作用する場合には，主働くさびは二等辺三角形にならない。この場合の算定方法は非常に複雑となるため，実用的には Meyerhof による傾斜係数 i を与えて支持力を低減させる方法をとる。

$$i_c = i_q = \left(1 - \frac{\theta}{90°}\right)^2, \quad i_\gamma = \left(1 - \frac{\theta}{\phi}\right)^2 \tag{2.15}$$

ここに，θ：荷重の傾斜角(°)である。θ=5°，10°，15°(ϕ=35°) に対して，それぞれ $i_c = i_q$=0.891，0.790，0.694，i_γ=0.734，0.510，0.327 となる。当然ながら傾斜がない場合には，$i_c = i_q = i_\gamma = 1$ である。

傾斜荷重が偏心している場合には，先に述べたように基礎幅 B' あるいは面積 A' として扱えばよい。

$$q_f = \frac{Q_f}{A'} = i_c \alpha c N_c + i_q \gamma_2 D_f N_q + i_\gamma \beta \gamma_1 B' \eta N_\gamma \tag{2.16}$$

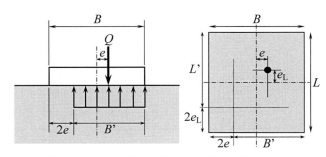

図-2.12 偏心荷重の場合の載荷幅と奥行き

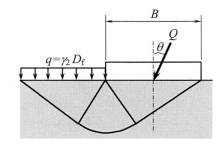

図-2.13 傾斜荷重による破壊形態

2.2.6 道路橋示方書（2017版）[5]における支持力の算定
(1) 支持力式と支持力係数

道路橋示方書では，直接基礎は基礎底面地盤の極限支持力 q_f に対して安全率 F_s を導入して

$$許容支持力 q_a = \frac{q_f}{F_s} \tag{2.17}$$

以下とすると規定している。安全率 F_s は，常時で3，暴風時・地震時で2と設定している。

極限支持力 q_f は，やはり Terzaghi の支持力式(2.5)を基にして，任意の基礎形状，荷重の偏心・傾斜を考慮して次式で求める。

$$q_f = \frac{Q_f}{A'} = \alpha \kappa c N_c' S_c + \kappa \gamma_2 D_f N_q' S_q + \frac{1}{2} \beta \gamma_1 B' N_\gamma' S_\gamma \tag{2.18}$$

ここに，α, β：基礎の形状係数（表-2.3参照）

κ：基礎の根入れ効果に対する割増し係数（(2)参照）

N_c', N_q', N_γ'：荷重の傾斜を考慮した支持力係数（図-2.14参照）

S_c, S_q, S_γ：支持力係数の寸法効果に関する補正係数（(3)参照）

表-2.3 道路橋示方書の形状係数

基礎形状	帯状	正方形	長方形	円形
α	1.0	1.3	1.0+0.3(B/L)	1.3
β	1.0	0.6	1.0-0.4(B/L)	0.6

L：長辺，B：短辺

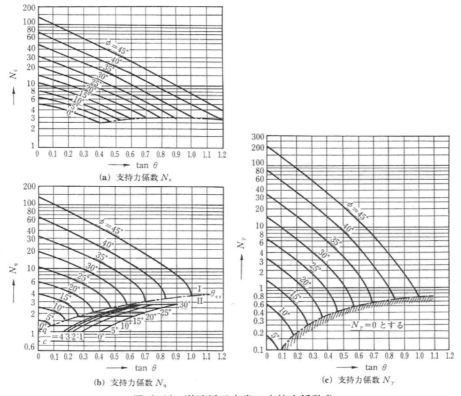

図-2.14 道路橋示方書の支持力係数 [5]

式(2.12)の建築基礎構造設計指針と比較すると，形状係数αの値が若干大きめ（βは実質的に同じ），荷重の傾斜の影響を支持力係数に入れているが，i_c，i_q，i_γの補正係数によるものと同等である。また，荷重の偏心に対する扱いは式(2.14)と同様である。大きく異なる点は，κとS_c，S_q，S_γである。

(2) 根入れ効果に対する割増し係数κ

一般に基礎底面より上部の地盤は上載荷重として取扱い，この層のせん断抵抗力を見込まないので安全側の扱い（極限支持力を過小評価）となっている。道路橋示方書では，支持地盤と同程度良質な地盤に根入れしている場合に，根入れ効果を次式による割増し係数κで極限支持力を割り増すことにしている。

$$\kappa = 1 + 0.3\frac{D_f}{B} \tag{2.19}$$

ただし，基礎に水平荷重がかかる場合には割増しをしない。

(3) 支持力係数の寸法効果に関する補正係数S_c，S_q，S_γ

支持力係数$N_c{}'$，$N_q{}'$，$N_\gamma{}'$は，基礎幅Bに比例してすべり線の長さが変化し，そのすべり線上で発現するϕが異なることから，寸法効果が生じると考え，次式による補正係数を乗じることにしている。

$$\begin{aligned} S_c &= (c/c_0)^{-1/3} \\ S_q &= (q/q_0)^{-1/3} \\ S_\gamma &= (B/B_0)^{-1/3} \end{aligned} \tag{2.20}$$

ここに，$q = \gamma_2 D_f$，添字0付きは基準値で，$c_0 = q_0 = 10\text{kN/m}^2$（$\fallingdotseq 1\text{tf/m}^2$），$B_0 = 1\text{m}$ である（S_γは，建築基礎構造設計指針の式(2.13)のηと同じである）。

他にも「鉄道構造物等設計標準」，「港湾の施設の技術上の基準」などの基準で支持力係数，形状係数が決められている。

2.2.7 許容沈下量による支持力

地盤の破壊から見た支持力が十分（許容支持力以下）であっても，基礎の沈下が構造物に大きな影響を与えることもあるため，沈下量の面から支持力を検討する必要がある。一般に沈下量は，荷重によって瞬時に非排水状態で生じる即時沈下（せん断沈下とも言う）と圧密によって生じる長期的な圧密沈下を算定する。砂質地盤では即時沈下を，粘性土地盤では圧密沈下を主に検討される。2.2.1で述べたように，建築分野では許容沈下量から決まる支持力q_sを用いて基礎の設計が行われる場合もある。

一般に建物に生じる沈下量は，**図-2.15**(1)のような形状になる。沈下量の最大値が<u>総沈下量</u>である。総沈下量には建物全体に生じる一様な沈下量と建物の剛体回転による傾斜分が含まれる。総沈下量から建物外端の最小沈下量を差し引くと，**図-2.15**(2)のような形状となる。これが<u>不同沈下量</u>で，両端の角度が傾斜角となる。さらに，**図-2.15**(2)の曲線から傾斜分を差し引くと**図-2.15**(3)のような形状になる。これが<u>相対沈下量</u>であり，各点間の勾配を表すのが<u>変形角</u>，隣接する部材がなす角度が<u>部材変形角</u>となる。ただし，実際の建物沈下の分布は**図-2.15**のような単純な形状ではなく，部分的にV字やへの字となるなど複雑な形状となることも多い。

沈下による建物の構造的な傷害は，主に相対沈下量が増えることによって変形角が限界値を超えることによって発生する。建物が使用限界に至らないための限界変形角の目安を**表-2.4**に示す[4]。構造別の限界値の例（変形角，相対沈下量，総沈下量の限界値）をそれぞれ**表-2.5～2.7**に示す[4]。ただし，事前に変形角や相対沈下量を予測するのは困難であるので，最大沈下量を予測し，それを許容沈下量とすることが一般的である。

一方，土木分野では許容沈下量は特に定めず，構造物ごとに対応している。

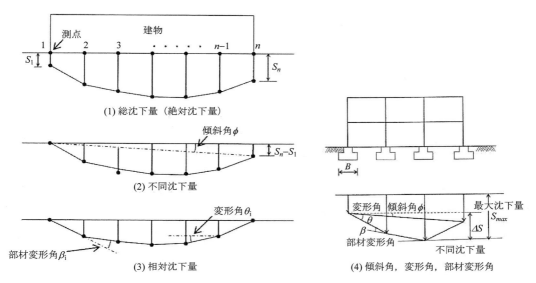

図-2.15 各種沈下量，変形角，傾斜角の定義 [4]

表-2.4 使用限界に至らないための限界変形角（単位：×10^{-3} rad）[4]

構造	即時沈下	圧密沈下
鉄筋コンクリート造	0.5〜1.0	1.0〜2.0
コンクリートブロック造	0.3〜1.0	0.5〜1.0

注）住宅品質確保促進法（品確法）からは，3/1000以上の変形角となると，瑕疵責任が問われる可能性が高い（一般に，6/1000以上では人間の感覚がおかしくなるといわれている）。

表-2.5 構造別の限界変形角の例（単位：×10^{-3} rad）[4]

支持地盤	構造種別*	基礎形式	下限変形角	上限変形角
圧密層	RC	独立，布，べた布	0.7	1.5
	RCW	布	0.8	1.8
	CB	布	0.3	1.0
	W	布	1.0	2.0〜3.0
風化花崗岩（まさ土）	RC	独立	0.6	1.4
	RCW	布	0.7	1.7
砂層	RC・RCW	独立，布，べた布	0.5	1.4
	CB		0.3	1.7
洪積粘性土	RC	独立	0.5	1.0
すべての地盤	S	独立，布（非たわみ性仕上げ）	2.0	3.5

下限変形角：亀裂の発生する区間数が発生しない区間数を超える変形角
上限変形角：ほとんど亀裂の出る変形角
　*：RC：鉄筋コンクリート構造，RCW：壁式鉄筋コンクリート構造，CB：コンクリートブロック構造，W：木造，S：鉄骨造
（**表-2.6**，**表-2.6** もの略号も同じ）

表-2.6　構造別の相対沈下量の限界値の例（単位：mm）[4]

支持地盤	構造種別	CB	RC・RCW		
	基礎形式	布	独立	布	べた
圧密層	標準値	10	15	20	20～30
	最大値	20	30	40	40～60
風化花崗岩（まさ土）	標準値	−	10	12	−
	最大値		20	24	
砂層	標準値	5	8	−	−
	最大値	10	15		
洪積粘性土	標準値	−	7	−	−
	最大値		15		
すべての地盤		S（非たわみ性仕上げ）		W（非たわみ性仕上げ）	
	標準値	15		30	
	最大値	5		10	

表-2.7　構造別の総沈下量の限界値の例（単位：mm）[4]

支持地盤	構造種別	CB	RC・RCW		
	基礎形式	布	独立	布	べた
圧密層	標準値	20	50	100	100～(150)
	最大値	40	100	200	200～(300)
風化花崗岩（まさ土）	標準値	−	15	25	−
	最大値		25	40	
砂層	標準値	10	20	−	−
	最大値	20	35		
洪積粘性土	標準値	−	15～25	−	−
	最大値		20～40		
		W　布		W　べた	
圧密層	標準値	25		25～(50)	
	最大値	50		50～(100)	
即時沈下	標準値	15		−	
	最大値	25			

注）圧密層については圧密終了時の沈下量（建物の剛性無視の計算値），その他については即時沈下量，（　）は2重スラブなどで十分剛性が大きい場合，W造の全体の傾斜角は標準で 1/1000 rad，最大で 2/1000～3/1000 rad 以下

例題 2.1 右図のような地盤に帯状基礎を設ける場合，以下の極限支持力を Terzaghi の支持力理論に基づいて求めよ。
(1) 砂質地盤（c_d=1tf/m², ϕ_d=30°, γ_t=1.8tf/m³, 地下水位なし）
(2) 粘土地盤（c_u=5tf/m², ϕ_u=0°, γ_t=1.6tf/m³, 地下水位なし）
(3) (1), (2)で地表面から 1m 位置に地下水位がある場合

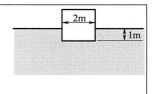

例題 2.2 右図のような地盤に以下の基礎を設ける場合，極限支持力を建築基礎構造設計指針，道路橋示方書に基づいて求めよ。ただし，荷重の偏心・傾斜はない。
(1) 帯状基礎　　(2) 円形（正方形）基礎
(3) 長方形基礎（奥行き L=3m）

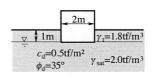

例題 2.3 右図のような円形コンクリート基礎に Q=100tf の荷重がかかる場合，安全率 3 を見込んで許容支持力を満足するためには基礎の根入れ D_f はどの程度必要かを求めよ。ただし，基礎の自重も考慮せよ。極限支持力の算定は建築基礎構造設計指針による。

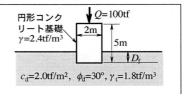

補足：旧建築基礎構造設計指針（1988版）[6]

　旧指針では，ϕ の小さい（緩い）地盤では局部せん断破壊を生じ，ϕ が大きくなると（密な地盤）全般せん断破壊に移行するので，その影響を支持力係数に反映させると考え，独自の支持力係数を提示していた。しかし，最近の研究成果から，特に ϕ の小さい範囲においても理論との相違が大きいという結果になっていないことから，現指針では先の式(2.6)〜(2.8)で支持力係数を求めることに修正している。ただし，N_γ については新たに寸法効果による補正係数 η を導入している。

　また，旧指針では極限支持力に対して安全率3を適用して，設計用の支持力として許容支持力 q_a を次式で定義していたが，これでは安全すぎる点と性能設計への移行のため，現基準では許容支持力は強制しないこととなった。

$$q_a = \frac{1}{3}\{\alpha c N_c + \gamma_2 D_f N_q + \beta \gamma_1 B N_\gamma\}$$

2.3 杭基礎の支持力

2.3.1 杭基礎の種類・分類

2.1で述べたように，杭基礎は基礎部の下に打設した杭で荷重を支えるもので，表層地盤が軟らかく，直接基礎を適用できない場合に用いられ，杭直径（基礎幅 B）に対して杭長（根入れ深さ D_f）が大きく，根入れ幅比 D_f/B が10数倍から数10倍となる深い基礎に分類される。

図-2.16 に支持機構による杭基礎の分類を示す。杭は2.3.2 で述べるように先端の支持力と杭周面の摩擦力で支持力を発揮するが，図(1)の支持杭は，軟弱層を貫通して杭先端を良質な支持層に到達させるものである。図(2)の摩擦杭は，良質な支持層がない場合に周面摩擦力のみで支持させるものである。図(3)の締固め杭は，多数の杭を打ち込むことによる排土効果で地盤を締固めて強度を増加させ，それによって支持させるもので，かつての木杭がこれに相当する。

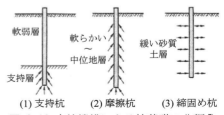

図-2.16 支持機構による杭基礎の分類[7]

図-2.17 に構造による杭基礎の分類を示す。図(1), (2)の組杭は，フーチングに連結された多数の杭が協同して上部構造を支持するもので，最も一般的な杭形式である。図(3)は全体としては組杭に見えるが，フーチングが柱ごとに独立しているので単独杭に分類される。図(4)は大口径杭で橋脚を支える単独杭である。

図-2.18 に材質および施工法による杭基礎の分類を示す。杭の材質としては，木杭，鋼杭（鋼管杭が主流），鉄筋コンクリート杭（RC杭，Reinforced Concrete pile），高強度コンクリート杭（PHC杭，Pretensioned High strength Concrete pile），および鋼管杭内にコンクリートを打設した合成杭（SC杭，Steel Composite Concrete pile）などがある。施工法から見た場合，打込み工法は，以前はディーゼルハンマーによる打撃で打設されていたが，騒音問題から都市部での施工は困難と

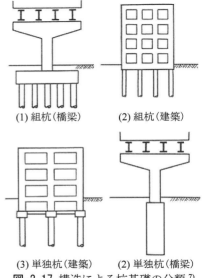

図-2.17 構造による杭基礎の分類[7]

なっている。埋込み杭工法は，杭径の穴をあけて既製杭を挿入するものであり，その手法でいくつかの工法がある。場所打ち杭工法は，機械や人力で地盤に孔をあけ，その孔の中に鉄筋コンクリート杭を直接作るもので，大口径の杭が打設でき，低騒音・低振動であることから，施工実績が増加している。

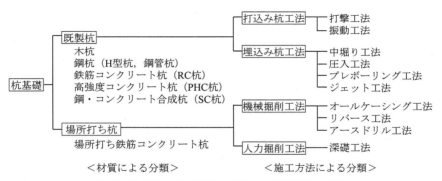

図-2.18 材質および施工方法による杭基礎の分類

2.3.2 杭基礎の支持力理論

杭基礎では，杭先端の支持力と杭周面の摩擦力で支持力を発揮する。テルツァーギは，2.2.3 の直接基礎（浅い基礎）の支持力理論が杭基礎にも適用できるとして，図-2.19(1)に示すようなすべり面を想定して，杭基礎の極限支持力 Q_f (tf)を次式で表した。

$$Q_f = R_p + R_s = (\alpha c N_c + \gamma_2 D_f N_q + \beta \gamma_1 B' N_\gamma) A_p + U D_f f_s = q_p A_p + f_s A_s \tag{2.21}$$

ここに，q_p：杭先端の極限支持力 (tf/m²)，A_p：杭先端面積 (m²)，U：杭周長 (m)，D_f：杭の地盤中の長さ (m)，f_s：杭と地盤の周面摩擦力 (tf/m²)，A_s：杭周面積 (m²) である。f_s は標準貫入試験による N 値から推定するとしている。しかし，この理論では実際の杭基礎による地盤の破壊形態を表していない。

Meyerhof（マイヤーホフ）は，図-2.19(2)に示すように根入れの深い杭基礎では杭先端のくさびから対数らせん状のすべり面が発生するとし，杭基礎の極限支持力を Terzaghi と同形式の次式で表した。

$$q_f = c\overline{N}_c + \sigma_0 \overline{N}_q + \gamma B \overline{N}_\gamma \tag{2.22}$$

ここに，σ_0：杭基礎側面に働く側圧 (tf/m²)，$\overline{N}_c, \overline{N}_q, \overline{N}_\gamma$：杭基礎における支持力係数（$\phi$ のみの関数）である。しかし，実際の支持層の ϕ が現実には決められないことから，地盤の N 値から極限支持力 Q_f (tf)を推定する次式を提案した。

$$Q_f = 40\overline{N} A_p + \frac{\overline{N}_s}{5} A_s + \frac{\overline{N}_c}{2} A_c \tag{2.23}$$

ここに，$\overline{N}$：杭先端付近の平均 N 値，A_p：杭先端面積 (m²)，$\overline{N}_s, \overline{N}_c$：それぞれ杭先端までの砂質土層，粘性土層の平均 N 値，A_s, A_c：それぞれ砂質土層，粘性土層の杭の表面積 (m²) である。すなわち，式(2.22)左辺の第 1 項が杭先端の極限支持力 (tf)，第 2，3 項が杭の周面摩擦力 (tf)を表している。

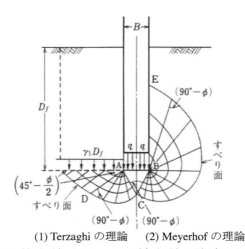

(1) Terzaghi の理論　　(2) Meyerhof の理論

図-2.19 Terzaghi（左半分）と Meyerhof（右半分）が仮定した杭基礎のすべり面 [6]

2.3.3 実務での杭基礎の支持力の算定方法

実務での杭基礎の支持力は，以下の方法で求められる。

① 現場での杭の鉛直載荷試験から求める。
② 静力学的支持力算定式から求める。
③ 載荷試験データに基づく経験式から求める。

①の鉛直載荷試験から求めるのが信頼性は高いが，全ての杭で実施できない。そこで，設計基準では③の経験式（N 値，q_u 値による）が用いられている。杭種別ごとの各種設計基準の例を**表-2.8**に示す。

表-2.8　各種設計基準における支持力算定式 [7]

杭工法		杭先端の極限支持力度 q_p (kN/m²)		最大周面摩擦力度 f_s (kN/m²)	
		砂質土	硬質粘性土	砂質土	粘性土
道路橋示方書・同解説	打込み杭	$10A\bar{N}$ $(\bar{N}\leqq40)$ 開端鋼管杭のとき　$A=6(L_b/D)$ $(A\leqq30)$ 上記以外の杭のとき　$A=10+4(L_b/D)$ $(A\leqq30)$ L_b：支持層への換算根入れ長(m)，D：杭長(m)		$2N$ $(\leqq100$ kN/m²$)$	cまたは $10N$ $(\leqq150$ kN/m²$)$
	場所打ち杭	$N\geqq40$の砂質土のとき 3000 kN/m²	$3q_u$	$5N$ $(\leqq200$ kN/m²$)$	cまたは $10N$ $(\leqq150$ kN/m²$)$
	埋込み杭(中堀り工法) 最終打撃方式 セメントミルク噴出撹拌方式 コンクリート打設方式	打込み杭に同じ 砂層　150 $\bar{N}$ $(\leqq7500$ kN/m²$)$ 砂礫層 200 $\bar{N}$ $(\leqq10000$ kN/m²$)$ 場所打ち杭に同じ		N $(\leqq50$ kN/m²$)$	$0.5c$または $5N$ $(\leqq100$ kN/m²$)$
鉄道構造物等設計標準・同解説	打込み杭	砂質土 300 $\bar{N}$ $(\leqq10000$ kN/m²$)$ 砂礫　300 $\bar{N}$ $(\leqq15000$ kN/m²$)$	$4.5q_u$または 100 $\bar{N}$ $(\leqq20000$ kN/m²$)$	$3N$ $(\leqq150$ kN/m²$)$	$q_u/2$または $10N$ $(\leqq150$ kN/m²$)$
	場所打ち杭	砂質土　70 $\bar{N}$ $(\leqq3500$ kN/m²$)$ 砂礫　100 $\bar{N}$ $(\leqq7500$ kN/m²$)$	$3q_u$または60 $\bar{N}$ $(\leqq9000$ kN/m²$)$	ベントナイト泥水を使用しない場合 $2N$ $(\leqq100$ kN/m²$)$ ベントナイト泥水を使用する場合 $5N$ $(\leqq200$ kN/m²$)$	$q_u/2$または $10N$ $(\leqq150$ kN/m²$)$ $q_u/2$または $10N$ $(\leqq50$ kN/m²$)$
	埋込み杭 (中堀り先端根固め工法)	砂質土 150 $\bar{N}$ $(\leqq7500$ kN/m²$)$ 砂礫　200 $\bar{N}$ $(\leqq10000$ kN/m²$)$		$2N$ $(\leqq50$ kN/m²$)$	$q_u/4$または $5N$ $(\leqq50$ kN/m²$)$
建設省告示	打込み杭	300 $\bar{N}$		$2N$ $(N\leqq50)$	$q_u/2$ $(q_u\leqq200$ kN/m²$)$
	場所打ち杭	150 $\bar{N}$ $(\bar{N}\leqq60)$		$2N$ $(N\leqq25)$	$q_u/2$ $(q_u\leqq100$ kN/m²$)$
	埋込み杭 (セメントミルク工法)	200 $\bar{N}$			
日本建築学会	打込み杭	300 $\bar{N}$	$6c_u$ c_u：非排水せん断強度 (kN/m²)	$3.3N$	$\beta q_u/2$ $(\beta$：低減係数$)$
	場所打ち杭	$\alpha 150 \bar{N}$ $(\alpha=0.5\sim1)$			$q_u/2$ $(\leqq80\sim150$ kN/m²$)$
日本建築センター	埋込み杭 (プレボーリング，中堀り，回転根固め工法)	$10\alpha\bar{N}$ $(\bar{N}\leqq60)$ $L/D\leqq90$のとき $\alpha=25$ $90<L/D\leqq110$のとき 　$\alpha=25-1/4(L/D-90)$ L：杭長，D：杭径		周辺固定駅を使用しないとき 15 kN/m² 周辺固定駅を使用するとき $2N$ $(N\leqq25)$	$q_u/2$ $(q_u\leqq100$ kN/m²$)$

(注)　$\bar{N}$：杭先端地盤付近の平均N値　　　N：杭周辺地盤のN値　　　杭先端の平均N値は通常±1Dの範囲
　　　q_u：杭先端地盤または杭周辺地盤の粘性土の一軸圧縮強度 (kN/m²)　　とする（右図参照）。

一般的な杭基礎の許容支持力 Q_a の算定は，

$$Q_a = \frac{1}{F_s}\left(R_p + R_s\right) = \frac{1}{F_s}\left\{q_p \cdot A_p + \pi D \cdot \sum\left(L_i \cdot f_{si}\right)\right\} \qquad (2.24)$$

ここに，F_s：安全率（長期で 3，短期で 1.5），A_p：杭先端面積，D：杭径，
L_i：i 番目の地盤の長さ，f_{si}：杭と i 番目の地盤の周面摩擦力である。

表-2.8 の各種設計基準に応じて，式(2.24)で Q_a を求める。

2.3.4 既製杭の施工方法

① 打込み杭工法（打込み杭）：既製杭をハンマー（ディーゼルハンマー，油圧ハンマー，バイブロハンマーなど）によって直接打ち込む工法。ただし，振動・騒音が大きい問題がある（**図-2.20**）。

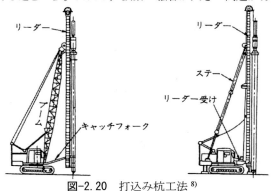

図-2.20 打込み杭工法[8]

② プレボーリング工法（埋込み杭）：アースオーガーや掘削ロッドを用いて掘削孔をあけてから既製杭を埋め込む工法で，先端支持力を確実にするため，最終打撃または根固め工を行う（**図-2.21**）。

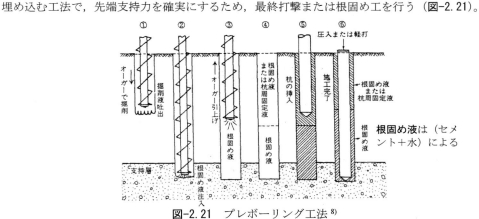

図-2.21 プレボーリング工法[8]

③ 中堀り工法（埋込み杭）：杭先端開放杭の中空部にアースオーガーを挿入し，先端地盤を掘削して杭を沈設する工法。やはり先端支持力を確実にするため，最終打撃または根固め工を行う（**図-2.22**）。

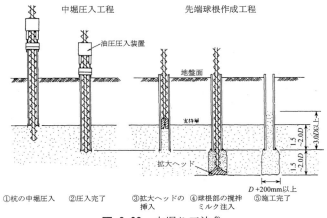

図-2.22 中堀り工法[8]

2.3.5 場所打ち杭の施工方法

① **アースドリル工法**：表層のみをケーシングで保護し，安定液（ベントナイト泥水）を満たして孔壁を安定させ，ドリリングバケットを回転させて掘削し，バケット内の土砂を地上に引き上げて排出し，トレミー管を介して水中コンクリートを入れてRC杭を打設する工法（図-2.23）。

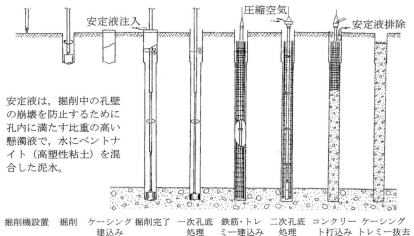

図-2.23　アースドリル工法[9]

② **オールケーシング工法**：掘削工の全長をケーシングチューブで保護し，ケーシングを振動または回転させながら土中に圧入しながら，内部の土砂をハンマーグラブで地上に引き上げて排出し，RC杭を打設する工法（図-2.24）。開発した会社名から**ベノト工法**とも呼ばれる。掘削完了後の工程は①と同じ。

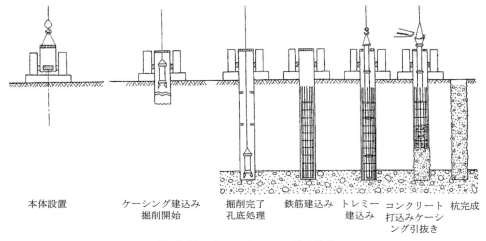

図-2.24　オールケーシング工法[9]

③ **リバース工法（リバースサーキュレーション工法）**：表層のみをケーシングで保護し，安定液による孔内水位を周りの地下水位より常に2m高くして安定性を保ち，ドリルビットを回転させて掘削し，土砂をサクションポンプやエアーリフトポンプによってドリルパイプの中空部を通して地上に引き上げて排出し，RC杭を打設する工法（図-2.25）。掘削完了後の工程は①，②と同じ。

第2章　地盤の支持力

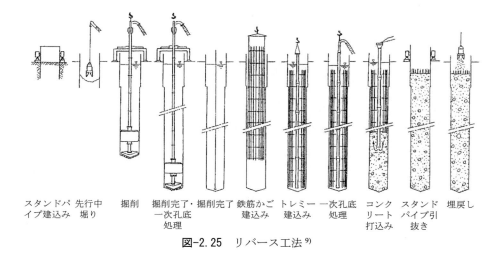

図-2.25　リバース工法[9]

④ **深礎工法**：主に人力によって掘削を行い（機械堀りもあり），杭径 1.2〜4.0m の RC 杭を打設する工法（図-2.26）。掘削中の孔壁崩落防止のために土留めを行う。大きな施工機械を必要としないので，山間部の傾斜地での施工に適している。

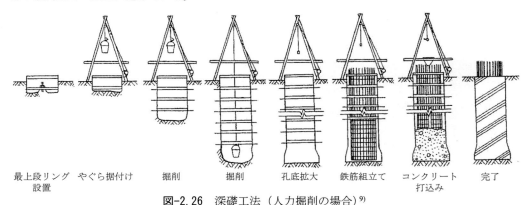

図-2.26　深礎工法（人力掘削の場合）[9]

2.3.6 ネガティブフリクション
(1) ネガティブフリクションとは

　通常は杭周囲の地盤の摩擦力は上向きに働き，杭に作用する荷重を支える側（正の周面摩擦力）として働くが，杭周囲の地盤が沈下する場合には，杭周囲に下向きに作用する摩擦力が発生する。これをネガティブフリクション（負の周面摩擦力）という。特に軟弱な粘土層に杭を打設すると発生することが多い。これは杭先端には荷重として作用することになり，杭先端を破壊させる場合もある。そこで，ネガティブフリクション軽減のために杭周面に減摩材（瀝青材など）を塗布して対策をとる。

　図-2.27 に示すように，杭と地盤の沈下量が等しくなる位置を中立点という。それより上部では，杭より地盤の沈下が大きいため，下向きのネガティブフリクションが杭に作用する。中立点より下部では地盤より杭の沈下大きいため，上向きの正の周面摩擦力が杭に作用する。その結果，杭に作用する軸力は中立点で最大となる。このように，杭頭荷重 P に対して通常は抵抗力として上向きに作用する摩擦力が，埋立地のような地盤沈下地帯では荷重として下向きに作用することになる。

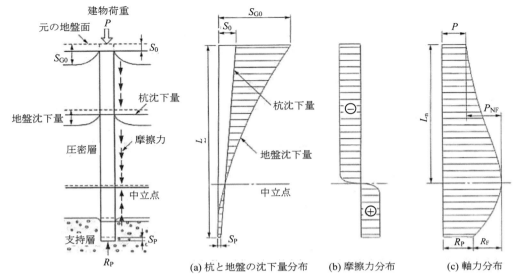

(a) 杭と地盤の沈下量分布　　(b) 摩擦力分布　　(c) 軸力分布

S_{G0}：地表面における地盤沈下量，S_0：杭頭の沈下量，S_P：杭先端の沈下量
R_P：杭の先端支持力，P_{NF}：負の摩擦力，R_F：正の摩擦力

図-2.27　ネガティブフリクションが作用する場合の杭の挙動[10]

(2) ネガティブフリクションの検討方法

建築基礎構造設計指針[10]では，負の摩擦力に対して杭の鉛直支持力に対して式(2.25)，杭体の応力に対して式(2.26)の検討を行うこととしている（**図-2.27 参照**）。

$$P + P_{NF} < (R_P + R_F)/1.2 \tag{2.25}$$

$$P + P_{NF} < {}_sf_c \cdot A_p \tag{2.26}$$

ここに，P：杭頭に働く荷重，P_{NF}：中立点より上部に働く負の摩擦力，R_P：杭の先端支持力，R_F：中立点より下部に働く正の摩擦力，1.2：安全率，${}_sf_c$：杭体の弾性限界圧縮強度，A_p：杭の断面積である。

1）中立点の深さ

一般に，N 値 ≥ 50 の堅固な支持層まで打設した支持杭では，中立点の深さ L_n を次式で設定する。

$$L_n = 0.9 L_a \tag{2.27}$$

ここに，L_n：地表面から中立点までの深さ，L_a：地表面から圧密する粘土層下面までの深さである。

2）負の摩擦力（単杭の場合）

中立点より上部に作用する負の摩擦力 P_{NF} は次式で算定できる。

$$P_{NF} = \phi \int_0^{L_{np}} \tau \, dz \tag{2.28}$$

ここに，ϕ：杭の周長，τ：負の摩擦力（kN/m^2），L_{np}：杭頭から中立点までの深さである。一般に地盤の地層ごとに分けて算定する。

負の摩擦力 τ は，一般に粘性土と砂質土で，以下で算定する。

粘性土：$\tau = q_u / 2$ (2.29)

砂質土：$\tau = 30 + 2N$ (2.30)

ここに，q_u：粘土の一軸圧縮強さ（kN/m^2），N：砂質土の N 値である。いずれも一般に地層ごとの平均値を用いる。

例題 2.4 下図のような地盤に直径 1.0m の場所打ち杭を打設した場合，杭 1 本当たりの許容支持力 Q_a(tf) を**表-2.8** の建築学会の基準（$\alpha=1$ とする）に基づいて求めよ（1kN≒0.102tf）。
また，シルト質粘土が沈下した場合，杭に働くネガティブフリクション P_{NF}(tf) を算定せよ。

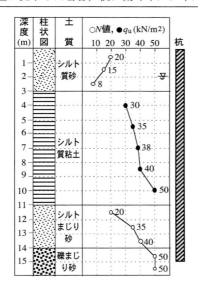

演習 2.1 右図のような地盤の長方形基礎（奥行き $L=4$m）中央に鉛直に 500tf の構造物荷重（基礎の自重を含む）がかかる。安全率 3 を見込んで許容支持力の範囲内にしたい。極限支持力を建築基礎構造設計指針に基づいて求め，その適用性を述べよ。
もし不適の場合には，D_f，B を別々に増加させる対処方法（具体的な算定）を述べよ。
【式で解けない場合には，仮に数値を与えて解くこと】

演習 2.2 演習 2.1 と同様なケースを道路橋示方書に基づいて求めよ。
【式で解けない場合には，仮に数値を与えて解くこと】

演習 2.3 例題 2.4 と同じ地盤に直径 1.2m の杭を打設する。打込み杭，場所打ち杭，埋込み杭の場合の杭 1 本当たりの許容支持力 Q_a(tf) を建設省告示の方法（**表-2.8**）に基づいて求めよ。

引用文献

1) 地盤工学会：地盤調査の方法と解説，pp.697-716，2013.

2) Terzaghi and Peck：Soil Mechanics and Engineering Practice，John Wiley & Sons，1943.

3) 日本建築学会：建築基礎構造設計指針，pp.124-130，2019.

4) 日本建築学会：建築基礎構造設計指針，pp.150-156，2019.

5) 日本道路協会：道路橋示方書，Ⅴ耐震設計編，2017.

6) 日本建築学会：建築基礎構造設計指針，1988.

7) 地盤工学会：新編 土と基礎の設計計算演習，pp.71～82，2000.

8) 地盤工学会：杭基礎の設計法とその解説，pp.61-118，1985.

9) 土質工学会：杭基礎の調査・設計から施工まで，pp.61-118，1993.

10) 日本建築学会：建築基礎構造設計指針，pp.234-243，2019.

第3章
地盤改良

　本章では，地盤改良について説明する。まず，地盤改良の定義，分類，原理を説明する。次に，具体的な地盤改良工法として，置換工法（掘削置換，強制置換，軽量盛土工法），高密度化工法（圧密工法，表層締固め工法，深層締固め工法），固化工法（表層固化工法，深層固化工法），土性改良（土質改良）工法，補強土工法について詳しく説明する。講義では最新の工法の動画を示すので，理解を深めてほしい。

プラスティックボードドレーン（PBD）の打設状況（夢洲）

3.1 地盤改良の分類と原理

3.1.1 地盤改良とは

　自然に与えられた地盤そのもの，あるいは盛土材は素材である。これを土構造物として製品化するには**地盤調査（第4章）**によって要求性能を満たすかを調べる。要求性能を満たさない場合はその地盤を改良する必要がある。また，盛土材の場合は締固めなどの処理を必要とする。いずれも必要な工学的性質（強度，圧縮性，透水性，施工性など）を満たすように改良する。これを**地盤改良**（ground improvement）（かつては土質安定処理）と呼ぶ。主な対象は軟弱地盤（含水比の高い粘性土，緩い砂質土）である。さらに最近では，環境問題を解決する地盤改良技術として，泥土や汚染土壌の固化処理や汚染地盤の浄化工法も開発されている。

3.1.2 地盤改良の分類

(1) 施工部による分類

　地盤改良が適用される地盤深度や傾斜面・平坦面によって工法が変わってくる。

① 斜面部の地盤改良：吹付け工法，被覆工法，盛土補強土工法など
② 浅層部の地盤改良：凍上防止工法，締固め工法，置換工法，セメント安定処理工法など
③ 深層部の地盤改良：鉛直排水工法，サンドコンパクションパイル工法，深層混合処理工法など

(2) 改良手段による分類

　改良手段としては，物理的手段が確実として多用されてきたが，化学的な手段による固化技術も一般化し，最近では生物的手段としてバイオ技術が導入されてきた。

① 物理的手段による地盤改良：置換，締固め，圧密など
② 化学的手段による地盤改良：セメント系材料による固化など
③ 生物的手段による地盤改良：微生物による土質改良など

(3) 改良目的による分類

　改良すべき要因は構造物の用途や形状によって多くのものがあるが，改良目的は以下に大別される。

① 力学的問題の改良：支持力の増加，変形の防止，土圧の軽減，斜面の安定など
② 水理的問題の改良：土中水の排除，止水，水位低下，地盤浸食の防止，液状化の防止など
③ 環境保全を図るための改良：騒音・振動の防止，廃棄物の処理，地盤沈下の防止，土壌・地下水汚染の防止など

これらの目的を達成するために，以下の原理に基づいた地盤改良工法が選択される。

3.1.3 地盤改良の原理

　現在採られている主な地盤改良工法は，次の5つに大別することができる。

① **置換**（おきかえ）：良質な材料（異種材料も含む）に置き換える。
② **高密度化**：砂質土の締固め，粘性土の圧密による地盤強化
③ **固化**：セメント，石灰などを混合・攪拌して固化（噴射混合，注入もあり）
④ **土性改良**：固化材料の添加（団粒化，低塑性化，低含水化），粒度改良（砂礫質土と粘性土を混合）
⑤ **補強**：異種材料（ジオテキスタイル類）を地盤内に入れて補強する。

　以下では，上記5つの原理別に代表的な地盤改良工法を紹介する。

第3章 地盤改良

3.2 置換工法

置換工法は，主として浅層部の軟弱地盤対策工として用いられるもので，原地盤の一部または全部を除去して良質な材料に置き換え，構造物の安定や沈下の抑止を図るもので，次のような工法がある。

3.2.1 掘削置換工法（床堀置換）

図-3.1に示すように，軟弱な地盤を掘削除去した後，良質な土砂で埋め戻すもので，軟弱粘土地盤上の人工島の護岸，防波堤の基礎に多用されている。ただし，最近では除去した大量の軟弱掘削残土の処分場（新規埋立地など）の確保と安価な良質土砂を入手することが困難になりつつある。その場合には，除去した土の再利用または他工法の検討が必要となる。

3.2.2 強制置換工法

① 押し出し置換：図-3.2に示すように，置換のための掘削を行わず，置換材料の自重で軟弱粘土層を強制的に側方に押し出して置き換えるものである。簡単であるが，盛上がり土の撤去と残土処理が必要であり，危険を伴う。小規模な土工で行われるが，軟弱層の厚さが不均一になり，圧密時間を十分に取らないと，事後に不同沈下を生じる。

② 砂杭置換：直径0.5〜1.5mのサンドパイル（砂杭）を密に打設することによって軟弱粘土を側方に押し出す工法である。厚い軟弱粘土を短期に改良する工法として多用されているが，施工後に時間を置かないと予想以上の大きな残留沈下（圧密・クリープ沈下）が発生する。3.2.1の掘削置換処理を避ける工法であるが，量は少ないとはいえ，盛り上がり土の処理が必要となる。また，一般に高価である。置換砂の密度を大きくする目的で，サンドコンパクションパイル（SCP）（3.3.3(1)参照）を用いることもあり，その場合の置換面積の比は70〜80%程度までとすることが一般的である。

③ 爆破置換：地中でダイナマイトなどの爆薬を爆破させ，その圧力によって地盤の破壊と軟弱粘土の置換を同時に行う工法である。また，その圧力を砂質地盤の締固めに利用することも可能である（爆破時の圧力は8,000〜12,000 kgf/cm^2（≒800〜1,200 MN/m^2）となる）。火薬の扱いに制約があり，主に外国で用いられている。事後に①と同じ問題点が残る。

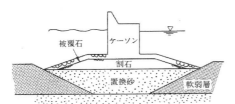 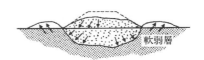

図-3.1 掘削置換工法（床堀置換）[1]　　図-3.2 強制置換工法（押し出し置換）[1]

3.2.3 軽量盛土工法

軟弱地盤上に盛土をする場合に，上載荷重を減じるために軽量化材料に置換して盛土の安定を図る工法である。土にセメントと発泡剤を混入して固化する工法もあるが，最近は図-3.3に示すように発泡スチロール（Expanded Poly-Styrol：EPS）の板を直接盛土材あるいは裏込め材として用いる**EPS工法**が普及している。EPSの密度は0.02〜0.03t/m^{3}であり，この工法によって軟弱粘土の圧密沈下の軽減，擁壁に働く土圧の軽減，あるいは道路盛土中の橋梁部やカルバートとの応力のすり付けを滑らかにして不同沈下を避けることができる。ただし，EPSは火災と有機溶剤に対する保護が必要である。

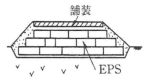
(1) 軟弱地盤上の盛土材
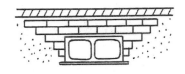
(2) 地中構造物の埋戻し材
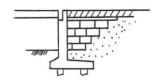
(3) 橋台・擁壁の裏込め材

図-3.3 軽量盛土工法（EPS工法）[2]

3.3 高密度化工法

土あるいは地盤の材料特性を高めるために最もよく採られるのは，密度を高める方法である．土の密度増加によってせん断強度の向上，圧縮性の低減を図る．高密度化工法には粘性土を対象に静的な荷重を与えて間隙の水を追い出して密度を上げる**圧密工法**と，砂礫質土を対象に振動，衝撃などによる動的荷重を与えて間隙空気を追い出して密度を上げる**締固め工法**がある．ただし，締固め工法は対象が表層，深層によって工法が大幅に変わる．

3.3.1 圧密工法

載荷重（主として盛土），あるいは地下水位低下によって圧密圧力を与え，粘土地盤を圧密して密度増加を図る工法である．さらに圧密時間を短縮する場合には，鉛直方向に排水材（ドレーン材）を打設する**鉛直排水工法**を適用する．ただし，土地供用後の地盤の有効応力を圧密圧力にすると，たとえ圧密時間を十分取っても，地盤は正規圧密状態であるので，土地供用後のわずかな応力増加によっても沈下を生じ，また二次圧密沈下も避けられない．したがって，土地供用後の沈下を避けるには，事前に過圧密状態にまで圧密する**予圧密工法**を適用することが望ましい．

(1) 予圧密工法（Preload method）（**過圧密工法**ともいう）

図-3.4に示すように，粘土地盤に対して構造物建設の供用後に予想される（目標とする）有効応力よりも大きな圧密荷重を予め載荷し（この荷重を予圧密荷重（Preload）という），有効応力が目標値を越えたときに荷重を撤去（除荷）し，粘土地盤を過圧密状態にする工法である．地盤が軟弱で一度に荷重をかけられない場合には，段階的に施工する．過圧密比が1.5程度あれば，事後の二次圧密沈下は生じないとされている．やはり圧密時間を短縮するために鉛直排水工法を併用することが多い．また，この工法は緩い砂質土地盤や残土処分地などにも短期間に効率よく適用できる．

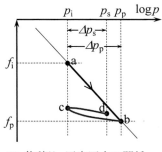
(1) 体積比-圧密圧力の関係

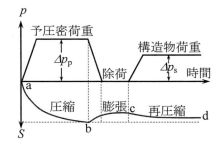
(2) 荷重，沈下量-時間の関係

図-3.4 予圧密工法の効果

圧密の進行は，図-3.5 に示すように圧密圧力が大きいほど，粘土層の各部が所定の有効応力に達する時間が速まるので，Preload は大きいほど効果的である。Preload として盛土を用いるのが一般的であるが，必要盛土量，撤去量が増えるので，**地下水位低下工法**，**真空圧密工法**などを併用することも多い。圧密時間は，圧密が最も遅れる粘土層中央，または鉛直排水材の中間位置の有効応力を目標にして設定する。

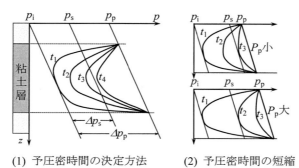

(1) 予圧密時間の決定方法　(2) 予圧密時間の短縮
図-3.5　予圧密工法における圧密圧力と有効応力の進み方

(2) 地下水位低下工法（dewatering method）

図-3.6 に示すように，粘土層に接する帯水層（砂層）の水位を低下させて粘土層を圧密沈下させる工法である。粘土層の上下に接する砂層の水位が同量ずつ低下したとき（図(1)）は，地下水位低下分の圧力が，粘土層内では圧密圧力（水位低下 1m あたり 1tf/m²）となる。粘土層の上面水位のみが低下したとき（図(2)）は，粘土層上端では上部の水圧減少分だけ圧密圧力が増加するが，粘土層内部には上向きの浸透力 $j=i\gamma_w$ があるため，水位低下によって増加した圧密圧力増分は深さ方向に減少し，粘土層下端では圧密圧力増分はゼロである。一方，粘土層下面の水位のみが低下したとき（図(3)）は，粘土層内部には下向きの浸透力があるため，圧密圧力増分は粘土層上端ではゼロであるが，深さ方向に増加し，粘土層下端では水位低下による水圧減少分だけ圧密圧力が増加する。通常，この工法では下部の帯水層に設置した井戸から地下水を汲み上げるため，図(3)に相当するが，**鉛直排水工法**を併用することによって，ドレーン内の圧力を減少させ，粘土層内部でも圧密圧力を増加させることができる。この工法は，大阪南港（咲洲）埋立地のポートタウン敷地約 100ha に対して行われた地盤改良工事で採用された（図-3.7 参照）。

なお，過去の地下水過剰汲上げによって地盤沈下を経験した沖積粘土の圧密降伏応力や非排水せん断強さが粘土層下部で急激に増加するのは，図-3.6(3)のような圧密圧力増分の分布に起因している。

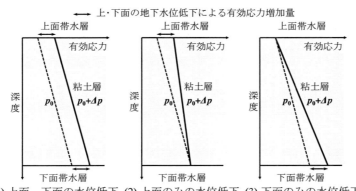

(1) 上面，下面の水位低下　(2) 上面のみの水位低下　(3) 下面のみの水位低下
図-3.6　地下水位低下による圧密圧力の増加分布 [3)]

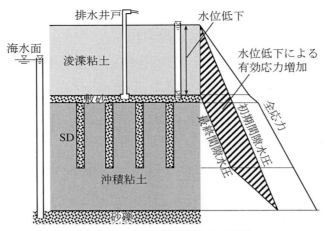

図-3.7 大阪南港埋立地での事例

地下水位低下工法は圧密沈下だけでなく，斜面安定，地すべり防止，湧水防止，擁壁・土留め壁の横荷重の軽減などにも一般的に用いられる。水位低下に用いられる工法は，主として**ウェルポイント工法**（ウェルポイントと呼ばれる集水管を所定の深度に設置し，地上の真空ポンプで排水する）と**ディープウェル工法**（所定の深さまで井戸を設置し，先端のストレーナー（スリット部）位置に設置した水中ポンプで排水する）が用いられる。

(3) **真空圧密工法**（vacuum consolidation method）（**大気圧工法**ともいう）

図-3.8 に示すように，軟弱地盤の表面をビニルシートやゴム膜（気密シート）でおおってその下部の空気を真空ポンプで排除することによって，地盤内の圧力と大気圧（10tf/m²）との差分を上載荷重とするものである。ただし，実際には図-3.9 に示すように，ポンプの効率から荷重は 8tf/m² (78kN/m²)程度となることが多い。この工法では，地盤内の全応力は変化せず，地盤は内側に変形するので，上載荷重による地盤破壊が生じない優れた工法である。通常，**鉛直排水工法**（ドレーン材は PBD）を併用するため，その部分まで大気圧分の荷重がかかるため，より有効な圧密工法となる。さらに，盛土荷重を併用して上載荷重を増加させることも可能である。

最近では，気密シートの代わりに PBD 上部を気密キャップ（不透水）とし，上部粘土層（1m 程度）を負圧シール層として使う「キャップ付ドレーン」による真空圧密工法も実用化されている。

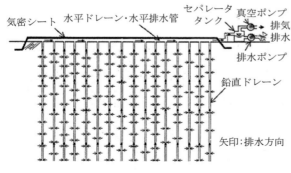

図-3.8 真空圧密工法

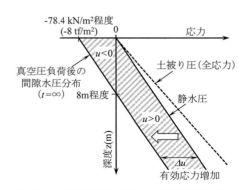

図-3.9 真空圧密工法における応力分布

-54-

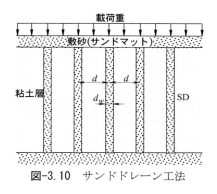
図-3.10 サンドドレーン工法

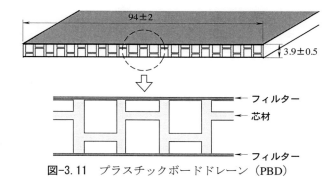
図-3.11 プラスチックボードドレーン（PBD）

(4) 鉛直排水工法（vertical drain method）（バーティカルドレーン工法ともいう）

軟弱粘土地盤中に人工の鉛直排水材（ドレーン材）を多数設置して水平方向の排水距離を短縮し，上載荷重などによって生じる圧密を促進する工法である。粘土層の圧密所要時間は排水距離の2乗に比例する（H^2則）ので，排水距離を短縮することによって圧密所要時間を著しく短縮することができる。

鉛直ドレーン材として砂柱（直径30～50cm）を用いる**サンドドレーン（SD）工法**（図-3.10参照）が最も代表的なものである。しかし，SD工法で用いる良質な砂が不足してきたこと，また浚渫粘土のような超軟弱地盤ではSD工法の適用が難しいので，図-3.11に示すような板状（幅95mm，厚み4mm程度）で内部を空洞とした**プラスチックボードドレーン（PBD）工法**がよく用いられている。いずれも直径d_w（幅a）と打設間隔（ピッチd）が圧密促進効果を決める（詳細は**土質力学I第6章圧密**参照）。

3.3.2 表層締固め工法

道路，宅地，ダムなどの盛土による土構造物の締固めは，表層から振動ローラー（砂礫質土），タイヤローラー（粘性土），タンパー，ブルドーザーなどの重機走行によって地盤を締固める。一般に0.3～0.6mの捲き出し厚ごとに締固める薄層転圧方式を採る。なお，宅地の締固めにはハンド式振動ローラー，ランマー，コンパクターなどの小型機械を用いるのが普通である。

(1) 室内締固め試験結果と現場転圧の対応

基本的に現場の土を用いて室内での突固めによる締固め試験（JIS A 1210）を行い，その締固め特性を把握する（土の締固め特性の詳細は**土質力学I第4章締固め**参照）。しかし，締固め試験と現場転圧では締固め機構が異なるので，必ずしも両者の締固めエネルギーによる対応はつかない。そこで，現場で用いる重機の種類と適用性を踏まえて現場転圧試験を行い，必要転圧回数と撒き出し厚，施工含水比と施工管理法（締固め度D_cなどによる）を決定する。図-3.12にその例を示す。

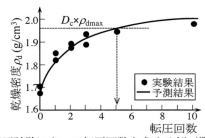
図-3.12 現場転圧試験によって転圧回数を求める例（撒き出し厚30cm）

ただし，直接締固め試験ができない粗粒材料（最大粒径が大きい材料），破砕性（軟質粒子）材料は小粒径材を代替材料に用いて締固め試験を行うが，結果は締固め特性を定性的に知るためと考え，やはり現場転圧試験で確認する。

(2) 粗粒材料の締固め特性の求め方

室内締固め試験（JIS A 1210）は最大粒径 37.5mm（直径 15cm モールドによる）までしか適用できない。現場の土がこれよりも大きい場合には，規定粒径以下の試料で締固め試験を行い，次式による**礫補正法**（Walker-Holtz の方法）を用いて換算密度を求めるのが一般的である。

$$\rho_d = \cfrac{1}{\cfrac{1-P}{\rho_{d1}} + \cfrac{P}{\rho_{d2}}} = \cfrac{1}{\cfrac{1-P}{\rho_{d1}} + \cfrac{(1+w_2\rho_{s2}/\rho_w)P}{\rho_{s2}}} \tag{3.1}$$

ここに，ρ_d：補正後の乾燥密度，P：礫率（除いた粗粒分の質量割合：小数表示），ρ_{d1}：礫を除いた土の締固め試験による乾燥密度，ρ_{d2}：除いた礫の乾燥密度，w_2：除いた礫の含水比，ρ_{s2}：除いた礫の土粒子密度，ρ_w：水の密度である。ここで，ρ_{d2} は以下のように表される。

$$\rho_{d2} = \frac{\rho_{s2}}{1+w_2\rho_{s2}/\rho_w} = \frac{\rho_{s2}/\rho_{s2}/\rho_w}{(1+w_2\rho_{s2}/\rho_w)/\rho_{s2}/\rho_w} = \frac{\rho_w}{\rho_w/\rho_{s2}+w_2} \tag{3.2}$$

式(3.1)を通分すれば，次式のように表すことができる。

$$\rho_d = \frac{\rho_{d1}\rho_{d2}}{P\rho_{d1}+(1-P)\rho_{d2}} \tag{3.3}$$

式(3.2)での除いた礫の乾燥密度 ρ_{d2} は，$w_2=0$ の時は ρ_{s2} に，$w_2 \neq 0$ の時はゼロ空気間隙曲線での乾燥密度 ρ_d（**土質力学 I 第 4 章締固め参照**）になる。すなわち，ρ_{d2} は除いた礫のみを締固めた乾燥密度ではないことになる。したがって，式(3.3)から礫補正法は，礫と礫の間隙は礫以外の土が完全に充填し，空気は入らないと仮定していることになる。この方法は，試験材（ρ_{d1} を求める試験に用いる材料）と原材料の粒径差が大きいと精度が低下し，適用範囲は礫率 P が 30～40% までといわれている。

礫補正法よりも，**図-3.13** に示す最大粒径 D_{max} を変えた**剪頭**（せんとう）**粒度材**（原材料から単にある粒径以上のものを除いた残材料）または**相似粒度材**（原材料と相似な粒径加積曲線となるように調整した材料，ただし，これを作成するのは面倒である）を用いた複数の締固め試験から得られる ρ_{dmax}–D_{max} 関係を外挿して実粒径材の ρ_{dmax} を外挿するのが合理的である（**図-3.14 参照**）。しかし，D_{max} を大きくした大型締固め試験（例えば直径 30cm モールド）は時間と経費がかかるため，重要構造物以外では実施されることは少ない。

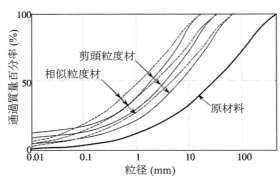

図-3.13　剪頭粒度材と相似粒度材の例

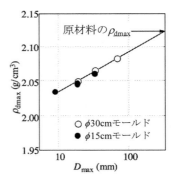

図-3.14　ρ_{dmax}–D_{max} 関係からの外挿法

第3章 地盤改良

(3) 軟質粗粒材の扱い

　土粒子の風化による細粒化，土粒子自身の軟化，接触点の細粒分の流亡，空隙への抜け出しなどによって母材料が軟質化する現象が生じる。例えば，飽和度が低い状態で締め固められた地盤は，土粒子が大きな間隙を残したまま団粒状になっている部分があり，このような地盤が水浸すると団粒の骨格構造が崩壊する（これを**コラプス**という）。また，土粒子の母材が軟岩（泥岩）からなる場合，水浸や乾湿の繰返しによって軟岩自身が細粒化していく（これを**スレーキング**という）。これらによる沈下を**水浸沈下**と呼んでおり，特に盛土地盤で問題となることがある。さらに，寒冷地では冬季に地盤中の水分が凍結・膨張して地表面が盛り上がり，土粒子を壊すことがある（これを**凍上**という）。

　このような土粒子の細粒化の可能性を調べる試験法として，乾燥・水浸の繰返し試験，凍結・融解の繰返し試験，曝露試験（屋外放置），硫酸ナトリウムによる風化促進試験（含有礫の堅硬度を推定する）などがある。コンクリート骨材試験（乾湿繰返し試験，硫酸ナトリウム溶解試験）を準用することもできる。

　また，締固め後の不飽和粗粒土の水浸に対する安定性を調べるために，締固め時のエネルギーと含水比を変えて，材質の経時変化による沈下を大型圧密試験などによって調べることもある（図-3.15参照）。

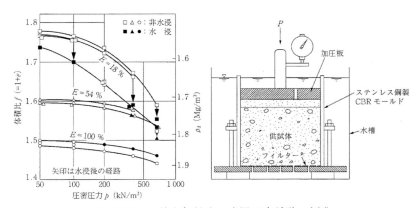

図-3.15　不飽和粗粒土の水浸圧密試験の例 [4]

3.3.3 深層締固め工法

(1) サンドコンパクションパイル（SCP）工法（Sand Compaction Pile method）

　図-3.16に示すように，緩い砂質土地盤や軟弱な粘性土地盤内に，振動・圧入を用いて良く締まった砂杭群を打設し，かつ拡径した砂杭によって周辺の地盤も締固めて地盤の安定を図る工法である。直接砂杭を所定の深さまで打設することができるので，比較的深層まで締固めることができる。

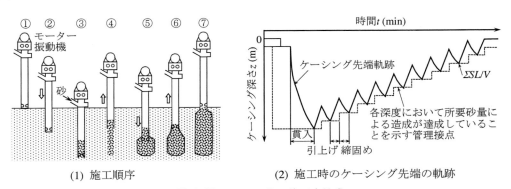

(1) 施工順序　　　　　　　(2) 施工時のケーシング先端の軌跡

図-3.16　SCP工法の施工方法 [5]

① 砂質土地盤の効果

図-3.17に示す正方形配置の場合には，**砂置換率** a_s は次式のように定義され，

$$a_s = \frac{A_s}{A} \tag{3.4}$$

砂杭圧入効果は，図-3.18に示すように間隙比の変化（施工前 e_0 から施工後 e_1 へ）で評価できるので，

$$a_s = \frac{A_s}{A} = \frac{\pi a^2}{d^2} = \frac{e_0 - e_1}{1 + e_0} = \frac{f_0 - f_1}{f_0} \tag{3.5}$$

砂杭造成によって，砂質土地盤を締固め（間隙比を減少させ），せん断抵抗や水平抵抗が増加し，地震時の液状化防止となる。また，荷重（構造物建設）載荷時の圧縮沈下を低減させることもできる。

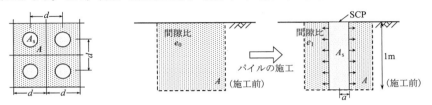

図-3.17　SCPの正方形配置[6]　　　　図-3.18　SCPによる締固め効果の原理[6]

② 粘性土地盤の効果

軟弱な粘性土地盤内に締固め砂杭が打設されることによって，軟弱な粘性土と密な砂杭からなる複合地盤が形成され，せん断抵抗が増大し，支持力増加，すべり破壊防止ができる。図-3.19に示すように，軟弱な粘性土地盤上に構造物等による等分布な応力 σ が載荷された場合，相対的に硬い砂杭に応力が集中（σ から σ_s）し，軟らかい粘性土では応力が低減（σ から σ_c）する。砂杭の面積を A_s，粘性土が分担する面積を A_c とすれば，この応力の再配分は以下のようになる。

$$(A_s + A_c)\sigma = A_s\sigma_s + A_c\sigma_c$$
$$a_s = \frac{A_s}{A_s + A_c} \quad \Rightarrow \quad \sigma = \sigma_s a_s + \sigma_c(1 - a_s)$$

ここで，**応力分担比** $m = \sigma_s/\sigma_c$ を定義すると，

$$\sigma_c = \frac{1}{1 + (m-1)a_s}\sigma = \mu_c \sigma$$
$$\sigma_s = \frac{m}{1 + (m-1)a_s}\sigma = \mu_s \sigma \tag{3.6}$$

ここに，μ_c：**応力低減係数**，μ_s：**応力集中係数**で，a_s と m に依存する（応力分担比 m も a_s に依存するが，一般に3～5程度）。このような砂杭への応力集中および砂杭による置換効果により，粘性土の圧密沈下量を低減させることができ，また砂杭によるドレーン効果により，圧密時間を短縮することもできる。

複合地盤のせん断強さ τ_{sc} は，図-3.20に示すように砂の τ_s と粘性土の τ_c の和として，次式で表される。

$$\tau_{sc} = \tau_c + \tau_s = (1 - a_s)c + a_s(\mu_s\sigma_z + \gamma_{ts}z)\tan\phi_s \cos^2\alpha \tag{3.7}$$

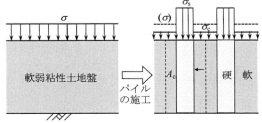 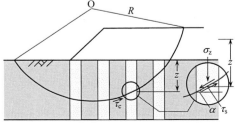

図-3.19　複合地盤の応力分担[6]　　　　図-3.20　複合地盤のせん断強さ[6]

ここに，c：粘性土の非排水せん断強さ，σ_z：上載荷重，γ_s：砂杭の単位体積重量，ϕ_s：砂杭のせん断抵抗角（内部摩擦角），α：すべり面の角度である。

現在，SCP工法は以下の2種類の工法がある。
- 動的SCP工法：振動機（バイブロ）により動的にケーシングを貫入する。ただし，近接施工においては騒音・振動が生じる問題がある。
- 静的SCP工法：圧入・回転方式により静的にケーシングを貫入する。低騒音・低振動工法であるため，最近ではこれを用いることが多くなってきた。

また，SCPの材料として現在では良質で安価な砂材が手に入り難くなってきたため，鉄鋼スラグ，セメント固化材，カキ殻などの各種の代替材が用いられるようになってきている。

SCP工法に似た工法に**ロッドコンパクション工法**（**振動棒工法**ともいう）がある。これは，先端部に振動機を内蔵した棒状振動体を地中に貫入させて周囲の地盤を締固め，振動体まわりの空隙に砂利や砕石を投入するものである。

(2) 重錘落下締固め工法（heavy tamping method）（**動圧密工法**ともいう）

10〜60t程度の質量を持つ重錘を10〜30m程度の高さから自由落下させて得られる重錘の衝撃力と振動によって地盤を締固める工法である。重錘を落下させて地盤を締固めるという最も素朴な手法は，古くからタコ突き，ヨイトマケ工として各地で自然発生的に用いられてきた。その原理は室内の締固め試験の突固めとほとんど同じであるが，それよりも桁違いに大きい質量を持つ重錘を高速で地盤に衝突させるので，締固め効果が地盤深部にまで及ぶ。この工法は岩砕，砂質・礫質土，粘性土，有機質土，ゴミを含む産業廃棄物などの広範囲な土質に適用可能で，重錘とそれを吊り上げるクレーン以外に特別な機材を必要としないために経済的にも優れている。通常，岩砕，砂質・礫質土などの粗粒土地盤の支持力増加，緩い砂地盤の液状化対策，および廃棄物地盤の減容化と安定化に多用されている。

施工は設計値に基づいて，**図-3.21**に示すような100〜200t吊りのクローラクレーンを用いて重錘打撃する。地盤を均一に締固めるために実際の打撃は，**図-3.22**に示すように，対象とする地盤をある打撃点間隔Lでまず格子状に打撃し（○：第1シリーズ），次にその打撃点の中間を打撃し（●：第2シリーズ），さらにその間を打撃する（×：第3シリーズ）というシリーズ施工法が採られる。各シリーズの打撃が終了した後，打撃孔を埋め戻して整地してから次のシリーズの打撃を行い，最後に，対象地盤全域を軽くベタ打ちして（仕上げタンピング），施工を終了する。

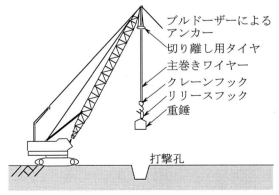

図-3.21 重錘落下締固め工法の施工機械

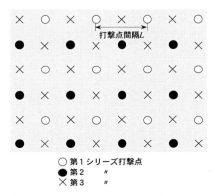

図-3.22 シリーズ施工による打撃点位置

3.4 固化工法

原位置の土にセメント，生石灰などを専用機械で混合して固化させる工法である。表層1～2mまでを対象にする表層固化と深層までを対象にする深層固化で工法が異なる。

3.4.1 表層固化工法

図-3.23に示すように，セメント，生石灰などを現位置で専用撹拌機械，バックホーなどによって撹拌・混合し，不飽和土の場合は転圧する。軟弱粘土地盤のトラフィカビリティ（特に仮設道路など）の改善，中・小構造物基礎のための支持力強化などに用いる。**浅層混合処理工法**とも呼ばれる。

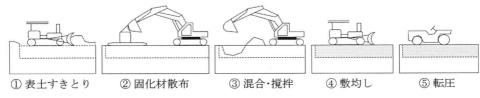

① 表土すきとり　② 固化材散布　③ 混合・撹拌　④ 敷均し　⑤ 転圧

図-3.23　表層固化工法の手順[7]

3.4.2 深層固化工法

軟弱地盤の改良，土留壁の構築（1.6.1のSMW壁もこの範疇に入る），構造物を支持させる地盤改良杭など，改良地盤のせん断強度・支持力向上，遮水などを目的とし，大型建設機械による施工となる。

(1) 深層混合処理工法（Deep Mixing Method）

図-3.24に示すように，撹拌羽根を有する混合処理機を用いて，セメントや石灰などの安定材と土を原位置で撹拌・混合し，両者の化学的硬化作用によって地盤中に直径1m前後の円柱固化体を作成する工法である。安定材はスラリーにして撹拌混合する場合（DCM工法）と粉体を撹拌混合する場合（DJM工法）がある。一般に改良体の一軸圧縮強さは10～30 kgf/cm^2（1～3 MN/m^2）となり，非常に硬いものとなる。

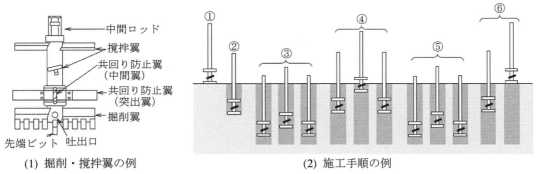

(1) 掘削・撹拌翼の例　　　(2) 施工手順の例

図-3.24　深層混合処理工法[7]

(2) 薬液注入工法（Chemical Grouting Method）

所定の時間がたつと固結性を示す材料（注入材）を細い管（注入管）を介して地盤中に圧入し，地盤の止水性や強度を増加させる工法である。特に，土粒子の間隙や地盤中の割れ目を閉塞したり，土粒子間の粘着力を高めて強度増加させたり，ダム基礎岩盤の割れ目を閉塞して遮水したり（カーテングラウド），地盤と構造物の空隙やゆるみを充填するのに有効である。

注入材としては，セメント系，水ガラス系，高分子系薬液などが用いられる。**図-3.25** に示すように，浸透注入，割裂浸透注入，割裂注入の形態があり，ゲルタイムの経過後に固結する。

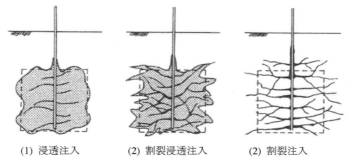

(1) 浸透注入　　(2) 割裂浸透注入　　(2) 割裂注入

図-3.25 薬液注入工法の形態 [8)]

(3) 高圧噴射撹拌工法（Chemical Grouting Method）

スラリー状のセメント系固化材を超高圧（20～40MPa程度）で地中に噴射することによって地盤を切削しながら撹拌・混合する地盤改良工法である。一般に，**図-3.26** に示すように，小型のボーリングマシンを用いて，先端に削孔ビットが付いた小口径のロッドで地盤を所定の深度まで削孔し，回転するロッドの中にセメント系固化材スラリーを超高圧ポンプによって圧送して，ロッド先端部のノズル（噴射装置）からセメント系固化材スラリーを水平方向に噴射しながら回転させ，徐々にロッドを引き上げていくことで，所定の改良範囲（改良径）の地盤を切削しながらセメント系固化材と撹拌・混合して柱状の地盤改良体を造成する工法である。

なお，セメント系固化材のみ噴射する単管式，空気を伴ったセメント系固化材を噴射する二重管式，上段の吐出口から空気を伴った高圧水を噴射して地盤を切削するとともに下段の吐出口からセメント系固化材を中圧（2～5MPa程度）で吐出する三重管式がある。

ロッドの回転角度や回転速度をコントロールすることによって，半円形，扇形および矩形の地盤改良体を作成することができる工法も開発されている。

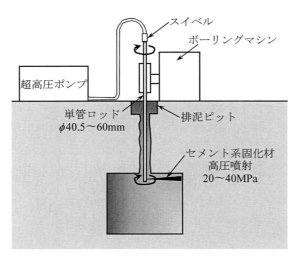

図-3.26 高圧噴射撹拌工法の形態 [9)]

3.5 土性改良（土質改良）工法

　セメントあるいは石灰を混合して，含水比を低下させると同時に，土の一次性質を変えて塑性の高い土を低塑性化し，また団粒化を図る。これを「土質改良」と呼ぶ。3.4の固化工法と異なり，あくまで「土」として扱う。また，異種粒度材の添加混合による粒度改良も重要な土質改良のひとつである。

① 撹拌混合

　セメントあるいは石灰を撹拌混合して，粘性路床土の改良および軟弱掘削残土を処分する場合の品質改良処理として多用される。3.4の固化工法に比べて添加量は少ない（数%まで）。安定処理土の地盤工学会基準（JGS 0811，0812，0813，0814）によって供試体を作成し，一軸圧縮試験を行って強度を確認する。CSG工法（Cemented Sand and Gravel工法）として止水堤などにも用いられている。

② 粒状化処理土

　建設汚泥（シールド工法や地中連続壁工法など，泥水を用いた工事で発生する汚泥），砕石スラッジ（砕石製造に伴って排出される泥土）および軟弱な建設発生土のリサイクル，有効利用のため，セメントを混合して固化した後，破砕して粒状化処理して路盤材などに用いることが増えてきている。図-3.27に処理プラントの例を示す。

③ 石灰パイル

　生石灰の脱水作用を利用して，消石灰を棒状（直径30 cm程度）に多数地中に設置して地盤の含水比低下，土の塑性低下，一部固化を図るものである。

④ 粒度改良

　最大粒径の制限，均等係数の改善，細粒分または粗粒分の調整（いずれも礫質土を対象）し，強度・圧縮特性，透水特性，締固め特性を改善するものである。

⑤ プラスチック繊維撹拌混合

　土にプラスチック繊維を撹拌混合して，土に引張り強度を持たせるものである（壁土にワラを入れるのとも同様である）。

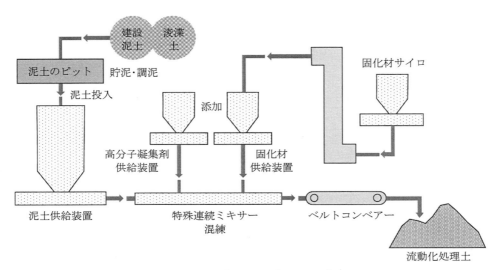

図-3.27　粒状化処理プラントの例

3.6 補強土工法

　地盤改良の延長上に位置する工法として補強土工法がある。盛土を層状に施工する過程で，鋼やプラスチックの網，シートを敷き込んで，それらの引張強度を安定化に利用することが最近よく使われるようになった。粘性土盛土には，引張強度とともに排水機能を持つものもある。軟弱地盤上の盛土には，昔から，木や竹を格子状に敷いてその上に盛土を載せることが行われてきたが，原理は同じである。

　これらのうちポリエステル，ポリプロピレン，ポリエチレン，ナイロンなどのプラスチック合成繊維を用いる場合を**ジオテキスタイル（Geotextile）工法**という。ジオテキスタイルは編んだもの（編物），織ったもの（織布），織らないもの（不織布）がある（**図-3.28**参照）が，網状のものを**ジオグリッド**（geogrid）（**図-3.29**参照），膜状のものを**ジオメンブレン**（geomenbrane）（**図-3.30**参照）という。最近ではこれらを総称して**ジオシンセティックス**（geosynthetics）と呼ばれるようになった。3.3.1④で述べた鉛直排水工法に用いられるプラスチックボードドレーンもジオテキスタイルの一種である。

　一般に，ジオテキスタイルは軟弱地盤表面に敷設し，その引張強度によって，不同沈下の防止，支持力の増加，トラフィカビリティの確保などに利用される。また，**図-3.31**に示すように盛土や擁壁背面に水平にジオテキスタイルやジオグリッドを敷設することによって盛土補強（排水効果も）を図る工法としてもよく用いられている。逆にジオメンブレンのように不透水性材料として，廃棄物処分場の浸出防止や真空圧密工法の気密シートとして用いられている。

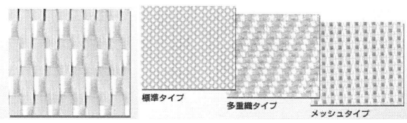

図-3.28　ジオテキスタイルの例

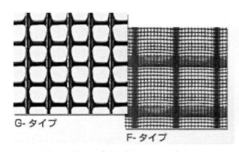

図-3.29　ジオグリッドの例

図-3.30　ジオメンブレンの例

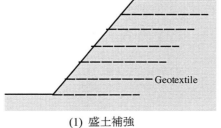
(1) 盛土補強

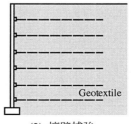
(2) 擁壁補強

図-3.31　ジオテキスタイルによる補強土工法

引用文献

1) 日本材料学会：地盤改良工法便覧，日刊工業新聞社，pp.127-138，1991.

2) 日本材料学会：地盤改良工法便覧，日刊工業新聞社，pp.223-233，1991.

3) 春日井麻里・大島昭彦・山口智也：大阪・神戸地域の浅層地盤モデルを用いた地下水位低下による地盤沈下量と液状化対策効果の予測，地盤工学ジャーナル，Vol.17，No.4，pp. 537-550，2022.

4) 高田直俊・木下哲生・篠崎亘：水浸時の安定性から見た礫質土の締固め条件，土と基礎，Vol.34，No.5，pp.63-68，1986.

5) 地盤工学会：液状化対策工法，pp.233-257，2004.

6) 日本材料学会：地盤改良工法便覧，日刊工業新聞社，pp.325-342，1991.

7) 日本材料学会：実務者のための戸建住宅の地盤改良・補強工法～考え方と適用まで～，オーム社，pp.107-134，2010.

8) 日本材料学会：地盤改良工法便覧，日刊工業新聞社，pp.411-445，1991.

9) CONCOM：進化する「高圧噴射撹拌工法」による地盤改良技術：https://concom.jp/contents/countermeasure/column/vol42.html（2024/7/1 閲覧）

第 4 章
地盤調査

　本章では，地盤調査について説明する。まず，地盤調査の目的と種別などの概要および実際の現地調査の前に行う事前調査について説明する。次に，具体的な地盤調査として，物理探査・物理検層，ボーリング，サンプリング，サウンディングについて説明する。特にサウンディングでは，標準貫入試験，動的コーン貫入試験，静的コーン貫入試験，スクリューウエイト貫入試験について詳しく説明する。地盤調査は実地盤の特性を把握する上で最も基本となる地盤情報を得るものであるので，理解を深めてほしい。

ボーリングの実施状況（越谷市）

4.1 地盤調査とは

4.1.1 地盤調査の目的と進め方

　地盤調査の目的は，構造物に対する適切な基礎形式の選定（**第2章**）および地盤改良（**第3章**）の必要性を判断するために，対象地盤の土層構成，各土層の物理・化学・力学的性質などの地盤情報（地盤定数）を求めることにある。

　地盤調査の進め方は通常，**事前調査**（資料調査，現地踏査），**地盤調査**（概略調査，本調査，補足調査）に分けられ，各段階を踏んで設計と工事計画がなされ，さらに，実際の施工に際しては施工管理のための**現地計測**が作業工程の中で行われる。この流れの中で事前調査（資料調査，現地踏査）は，本調査計画を立てるための予備調査と考えがちであるが，これらによってある調査項目に精密な結論が与えられる場合も少なくない。隣接地の既存の調査資料から精密調査に相当する結果が得られ，あとは補足調査あるいは施工管理で間にあう場合もある。都市圏の地盤調査記録が地盤図としてまとめられているが，このような記録は最も活用すべき有用で身近な資料である。また，経験豊かな技術者の現地踏査で地盤の概要がほとんど確定する場合も多い。ボーリング調査の結果，砂礫層と被圧地下水の存在が知られ，地下水に対する調査が追加されるなどは，1つの調査項目が他の調査の予備調査を兼ねる場合で，各調査段階は時間的，機能的に相互に関連する。地盤条件の多種多様性に対応するためには柔軟な態度が必要である（ただし，発注者の理解と見識に負うところが多い）。図-4.1にそれぞれの段階における調査手法を示す。

　まず，各種既存資料を収集する事前調査（資料調査，現地踏査）から入るが，通常，地盤調査といえば，現地で直接的に地盤を調べる**原位置試験**（物理探査・物理検層，ボーリング，サンプリング，サウンディング，載荷試験など）と現地でサンプリングした土試料を室内に持ち帰って調べる**土質試験**を指す。

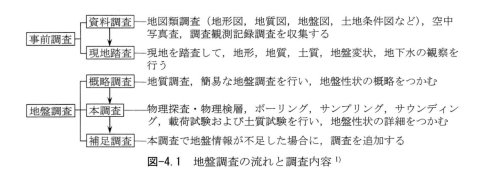

図-4.1　地盤調査の流れと調査内容 [1]

4.1.2 事前調査

　現地での地盤調査を行う前に事前調査を行う。まず，**資料調査**として，対象敷地付近の**地形図**，**地質図**，**地盤図**，**土地条件図**などの各種既存資料を収集する。都市部のように土地改変が進んでいる地域では**旧版地形図**が役立つ。また，隣接地の既存の調査資料から本調査に相当する情報が得られる場合もある。さらに，都市圏では既存の地盤調査データがデジタル化され，**地盤情報データベース**として有効に使うことができる。なお，地形・地質や地盤情報の収集方法については**第5章**で紹介する。

　次に，**現地踏査**を行い，敷地近傍の地形，切土・盛土状況，構造物や地盤の変状，地下水の状態などを観察し，チェックリストに記録する。経験豊富な技術者の現地踏査によって，地盤の概要がほとんど確定する場合も多い。事前調査は本調査を行う上での予備調査と考えがちであるが，事前調査によって充分な地盤情報が得られる場合も少なくないので，重要である。

4.1.3 地盤調査

地盤調査は，**図-4.1**に示したように概略調査，本調査，補足調査の順に進められる。本調査では構造物の設計に必要な地盤定数を求めるために行うが，**図-4.2**に示すように，現地で直接地盤に何らかの方法で負荷をかけ，その反応から地盤定数を求める方法が**原位置試験**で，物理探査・物理検層，ボーリング，サンプリング，サウンディング，載荷試験，地下水調査，現場密度試験などがある。また，サンプリングした土試料を室内に持ち帰って詳細な土質特性を求めるのが**土質試験**である。両者は地盤調査としての両輪である。

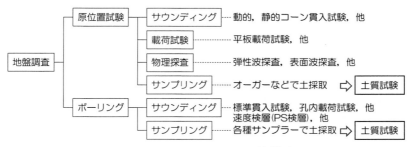

図-4.2 地盤調査の種類 1)を加筆修正

4.2 物理探査・物理検層

4.2.1 物理探査

物理探査とは，地盤内部の弾性波（人工的な地震波も含む），電気，放射線などの伝わり方や地盤の温度，重力，磁気などの状態を測定して，地盤の構成および土の物理定数を推測する方法をいう。物理現象の種類によって，弾性波探査，電気探査，重力探査，磁気探査，放射線探査などに分類される。

なお，一般に物理探査は大がかりなものとなるが，弾性波が地表面に到達した際に発生する表面波（レイリー波）を測定・解析する**表面波探査**は比較的簡易に行うことができる。表面波速度は地盤のS波速度（後述）と相関があるので，深さ数10mまでのS波速度分布を推定できる。表面波探査には打撃式の多チャンネル方式で線上の表面波速度分布を測るものと起震機を用いて深度方向の表面波速度分布を測るものがある。

4.2.2 物理検層

一方，物理探査手法をボーリング孔内に適用したものを**物理検層**という。物理検層では孔内で検出器を移動させ，深度に応じて物理量を測定することによって地盤性状を求める。速度検層，電気検層，密度検層，音波検層などがある（いわゆる非破壊検査に相当する技術である）。これらの技術は，元々石油や石炭などの地下資源を探査するのに用いられ，発達してきたものである。ここでは，実務で最もよく行われる**速度検層（PS検層）**を以下に示す。

地盤中で弾性波が伝わる速度の深度分布を求める速度検層をいう。弾性波には，振動方向が伝播方向に一致する**P波**（縦波，疎密波）と振動方向が伝播方向と直交する**S波**（横波，せん断波）があり，P波とS波両方を求める検層を**PS検層**と呼んでいる。

速度検層（PS検層）では**図-4.3**に示すように，ボーリング孔内に振動を感知する受振器を入れ，地表または孔内で地盤に与えた振動が受振器に到達するまでに時間（これを走時という）を測定する。地表で起振して孔内で受振する**ダウンホール方式**と同一の孔内で起振して受振する**孔内起振受振方式（サスペンション方式）**がある。前者のP波，S波振源にはハンマー打撃（板たたき）や重錘落下が，後者のP波，S波振源には電磁ハンマーが用いられる。ダウンホール方式が一般的に用いられるが，深くなると起振した波動が減衰す

るので，通常深さ数 10 m 程度までが適用限界である。一方，孔内起振受振方式は深さの限界がないので，最近は利用頻度が高まっている。

図-4.4 は測定した S 波の波形記録の例である。深さごとに起振時から P 波，S 波が現れるまでの時間（走時）を読み取り，速度を求める。P 波速度 V_P（m/s）と S 波速度 V_S（m/s）から，波動理論によって次式で地盤の弾性定数（ポアソン比 ν，せん断剛性率 G（kN/m²），ヤング率 E（kN/m²））を求めることができる。ただし，地盤の湿潤密度 ρ（kg/m³）を別途求めておく必要がある。

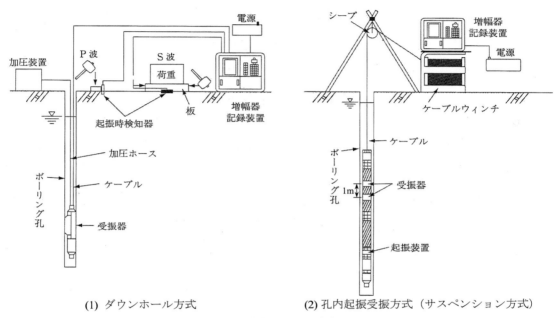

(1) ダウンホール方式　　　　(2) 孔内起振受振方式（サスペンション方式）

図-4.3　速度検層の測定方法[2]

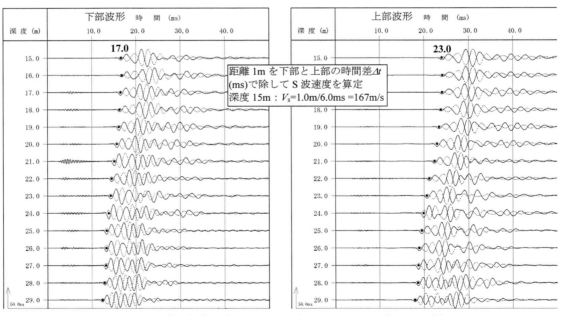

図-4.4　S 波の走時の読み取りの例（サスペンション方式の場合）

$$\nu = \frac{(V_P/V_S)^2 - 2}{2\{(V_P/V_S)^2 - 1\}} \tag{4.1}$$

$$G = \rho V_S^2 \tag{4.2}$$

$$E = 2(1+\nu)G \tag{4.3}$$

　これらの地盤の弾性定数は，微小ひずみレベル（弾性域）における値に対応し，耐震問題を検討する際の重要な情報となる。また，P波，S波速度分布から地盤をモデル化し，地震時の地盤の応答解析（基盤から伝播する地震波が地表でどのように応答するかの解析）に用いられる。

　最終的には，図-4.5に示すように，土質柱状図，土層区分や標準貫入試験によるN値などとともに総合的な柱状図として表すことが多い。

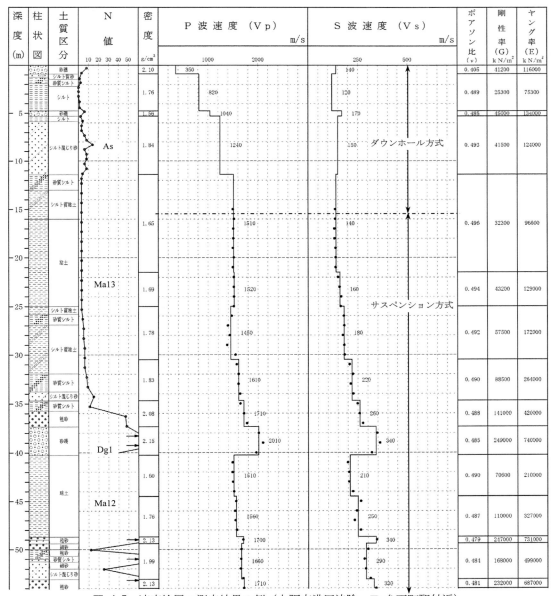

図-4.5 速度検層の測定結果の例（大阪市港区波除，JR弁天町駅付近）

4.3 ボーリング

ボーリング（Boring）とは，掘削機を用いて地盤内に孔を掘る方法または作業をいう。建設工事関連の地盤調査以外でも地球物理学・地質学的調査，鉱物・石油・石炭など資源開発調査などでも行われる。建設工事関連では，サンプリング，サウンディング，各種物理検層，調査機器設置のための削孔として行われる。対象深度，口径，対象地盤（硬さ，粒径），削孔目的によって使用機械は大きく変わる。

地盤調査に用いるボーリング方法の種類を**表-4.1**に示す。最も一般的なロータリー式機械ボーリングは**図-4.6**に示すように，地上のボーリングマシンの回転・給進装置によってビットを回転させながら地盤に押しつけて掘削するもので，中空のボーリングロッド（外径 40.5 mm，長さ 3 m）から**ベントナイト泥水**を供給し，水流に乗せて掘削した掘り屑（スライム）を孔外に排出すると同時に，孔壁の崩落を防止する。

ボーリングの孔径は 66，86，116 mm の 3 種類が一般的で，孔内で行う原位置試験やサンプリングの種類に応じて孔径を決めている。

表-4.1 ボーリング方法の種類[3]

分類名称		掘進方法	地層の確認	適用地盤
ロータリー式機械ボーリング	コアボーリング	ロッドの先端のコアバレルを回転してコアを採取	採取コアの観察	岩盤に最適，礫や玉石は不適
	ノンコアボーリング	ロッドの先端のビットの回転により地盤を破砕	掘進速度と掘り屑，ロッドの振動	土から岩まで適，巨礫や玉石は不適
	ワイヤーライン式ボーリング	ワイヤーラインロッドを回転し，コアバレルにコアを採取	掘進速度と掘り屑，採取コア	土から岩盤まで適，礫や玉石は不適
オーガーボーリング		オーガーを回転させながら圧入，人力または機械式	掘り出した採取試料の観察	粘性土，シルト，湿った砂に適
パーカッション式ボーリング		重いビットを上下させて地盤を破砕	掘進速度と掘り屑（地層境界の判別は困難）	土と亀裂性岩盤に適，軟弱地盤は不適

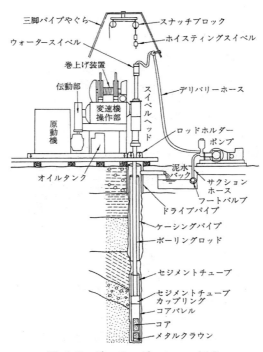

図-4.6 ボーリングマシンの例[4]

4.4 サンプリング

サンプリング（Sampling）とは土層の性質と構成を調べるのに必要な土試料を採取することをいう。目的に応じて乱さない試料を採取する方法と乱れてもよい試料（ただし，含水比を変えない場合と変わっても良い場合に分ける）を採取する方法に分けることができる。採取方法は，掘削した露頭から直接採取する場合とボーリング孔から採取する場合がある。前者は粘性土，粒子間結合力のある砂・礫質土の良好な乱さない大型試料（ブロックサンプル）が採取できる。後者では，いかに乱れの少ない試料を採取するかが課題である。

ボーリング孔から，粘性土の乱れの少ない試料を採取するのによく用いるサンプラーは以下の通りで，多用されているサンプラーの内径は 75 mm 程度である。

- 軟らかい粘土（$q_u<2$ kgf/cm^2, $N<4$）：固定ピストン式シンウォールサンプラー
- 硬質粘土（$2<q_u<10$ kgf/cm^2, $4<N<20$）：ロータリー式二重管サンプラー
- 固結粘土（$N>20$）：ロータリー式三重管サンプラー

4.4.1 固定ピストン式シンウォールサンプラー

最も普及しているサンプリング方法で，比較的軟らかい粘性土を対象に，室内土質試験に供するための乱れの少ない試料を採取する目的で行われる。固定ピストン式シンウォールサンプラーは固定されたピストンを孔底に据えてサンプリングチューブのみを地盤に押し込んで試料を採取するものである。図-4.7 に示すエキステンションロッド式サンプラーと図-4.8 に示す水圧式サンプラーがある。水圧式サンプラーは図-4.9 に示すように圧力水を送ってサンプリングチューブを押し込むもので，より乱れの少ない方法である。

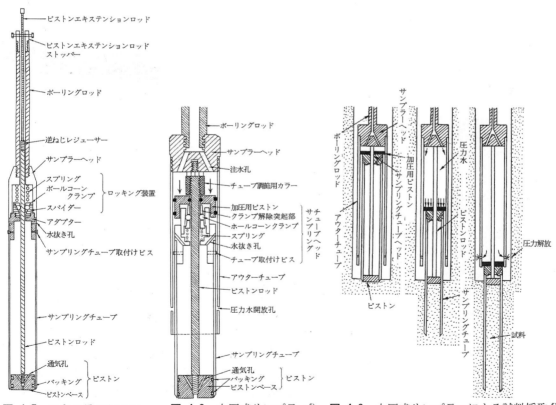

図-4.7　エキステンションロッド式サンプラー[5]　　図-4.8　水圧式サンプラー[5]　　図-4.9　水圧式サンプラーによる試料採取[5]

4.4.2 ロータリー式多重管サンプラー

洪積粘土のような硬質な粘土では，図-4.10 に示す**ロータリー式二重管サンプラー**を用いるのが一般的である。これは，試料を採取するサンプリングチューブ（内管）とロッドの回転を先端のビットに伝達する外管から構成され，外管の先端に取り付けられたビットを回転させて掘削し，同時に内管内に試料を採取する仕組みになっている。このサンプラーはアメリカのデニソン地区の最初に使われたので，一般に**デニソンサンプラー**と呼ばれている。

さらに固結の進んだ粘性土や密な砂質土では，図-4.11 に示す**ロータリー式三重管サンプラー**を用いる。二重管サンプラーと同様に外管の先端に取り付けられたビットを回転させて掘削するが，内管の先端にシューを付け，内管の内側にさらに試料を収納するための3番目のライナー（一般に塩ビ管が用いられる）が入っている。**トリプルサンプラー**とも呼ばれるが，砂試料を採取するために開発された経緯から**サンドサンプラー**とも呼ばれる。

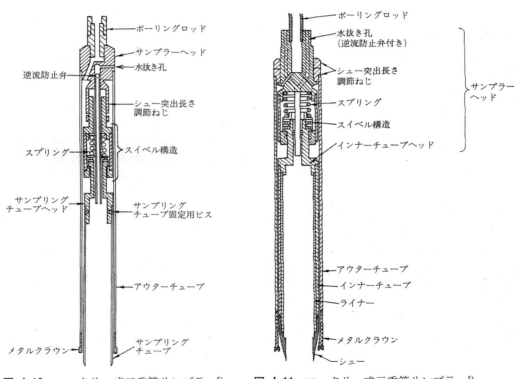

図-4.10 ロータリー式二重管サンプラー[5]　　**図-4.11 ロータリー式三重管サンプラー**[5]

4.4.3 その他のサンプリング方法

粒径の大きい礫を含む固結土の場合は大口径のサンプラーが用いられる。ただし，ゆるい砂地盤の塊状の乱さない試料の採取は手掘り作業で行う**ブロックサンプリング**（切出し式，押切り式）で行うことが可能である。また，地下水位が低い場合の砂地盤では**凍結サンプリング**（ボーリング孔内に，例えば液体窒素を入れて地盤を固結し，大口径のサンプラーで切り出す）が用いられる。ただし，凍結サンプリングや大口径サンプリングはきわめて高価である。なお，ブロックサンプリング，凍結サンプリングの手順については，**土質力学Ⅰ第1章序論**を参照してほしい。

第4章　地盤調査

4.5 サウンディング

4.5.1 サウンディングとは

　地盤の設計に必要な土質定数を求めるために，地盤に何らかの方法で負荷をかけ，その反応から地盤定数を求める方法がある。その一つが**サウンディング**（Sounding）で，ロッドに付けた抵抗体を地盤の表面または地中に動的および静的な貫入，回転，引抜きなどの抵抗から地盤の性状，強さを簡便かつ迅速に調べるものである。

　表-4.2にサウンディングの分類を，**表-4.3**に特徴と適用地盤を示す。サウンディングは操作上，静的サウンディングと動的サウンディングに大別される。静的サウンディングは圧入，重錘載荷，回転に必要な力を地盤性状判定の指標にする。動的サウンディングは一定の重錘打撃エネルギーによって貫入する深さ，あるいは一定の貫入量に要する打撃エネルギーを指標にする。静的な手法は，一般に貫入能力が低いために密な砂や砂礫地盤には用いられない。このような場合は打撃による動的な手法を用いる。動的なものは同じ測定値を得ても粘土と砂礫質土で地盤の評価が大幅に異なるので，土の種類がわからないときには地盤強度の評価ができない点に特に注意を要する。また，動的な試験法は，沖積粘土や泥炭のような低強度の地盤には感度が低く，精度の高い情報は得られない。

表-4.2　サウンディングの分類

貫入方法	操作	抵抗体	試験方法
静的	圧入	コーン	各種静的コーン貫入試験
	重錘載荷・回転	スクリューポイント	スクリューウエイト貫入試験
	回転	ベーン	原位置ベーンせん断試験
動的	重錘打撃による衝撃	コーン	各種動的コーン貫入試験
		パイプ（サンプラー）	標準貫入試験

表-4.3　サウンディングの特徴と適用地盤

方法	試験名称	測定値	推定量	適用地盤
静的	ポータブルコーン貫入試験	貫入抵抗 q_c	非排水せん断強さ	軟質な粘性土地盤
	機械式コーン貫入試験（オランダ式二重管コーン）	先端貫入抵抗 q_c	土の硬軟，締まり具合，せん断強さ	粘性土，砂質土地盤
	電気式コーン貫入試験（三成分コーン）	先端抵抗 q_t，間隙水圧 u，周面摩擦 f_s，他	土質構成の評価，せん断強さ，密度など	粘性土，砂質土地盤
	スクリューウエイト貫入試験	重錘荷重 W_{sw}，1m 当たりの半回転数 N_{sw}	相関式により N 値や一軸圧縮強さ q_u に換算	玉石，礫を除く，比較的軟弱な地盤
	原位置ベーンせん断試験	ベーンせん断強さ τ_v	非排水せん断強さ，鋭敏比	軟弱な粘性土地盤
動的	標準貫入試験	N 値	相関式により ϕ，一軸圧縮強さ q_u などに換算	玉石，大礫を除く全ての地盤
	簡易動的コーン貫入試験	N_d 値	エネルギー補正して N 値に換算	硬質粘性土，砂礫質土を除く地盤
	大型動的コーン貫入試験	N_d 値，トルク M_v	N 値≒N_d 値地盤の硬軟の判定	礫質土を含む地盤
	中型動的コーン貫入試験	N_d 値，トルク M_v	エネルギー補正して N 値に換算	礫質土を含む地盤

-73-

4.5.2 標準貫入試験（Standard Penetration Test，**SPT**）
(1) 試験方法

標準貫入試験は，1927年頃のボーリングの際にロッド打ち込み試験として米国で発祥し，その後改良されて今の形になった。日本には1951年ごろ導入されて，1961年にJIS A 1219として規格化された。

この試験法は，**図-4.12**に示すように63.5 kg（140 pound）のハンマーを760 mm（30 inch）の高さから自由落下させて，ボーリングロッド頭部に取り付けたアンビル（ノッキングブロック）を打撃し，ボーリングロッド（直径40.5 mm）先端に取り付けた中空サンプラーを300 mm貫入させるのに要する打撃回数を**N値**として計測する。落下方法としては，かつては手動落下法（コーンプーリー法，トンビ法）があったが，エネルギーロスが大きいため，現在では自動落下法（半自動法，**図-4.13**参照）が用いられている。

標準貫入試験サンプラーは，**図-4.14**に示すように先端のシュウー，二つ割りにできるスプリットバレルおよびコネクターヘッドからなり，N値の測定と同時に試料採取も同時に行うことができるので，地盤構造の複雑な日本で，まさに標準的に多用されている。

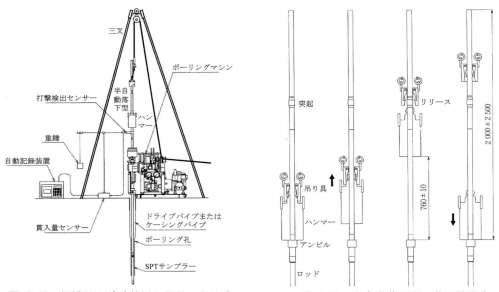

図-4.12　標準貫入試験装置と器具の名称 [6]　　図-4.13　半自動落下型の落下機構 [6]

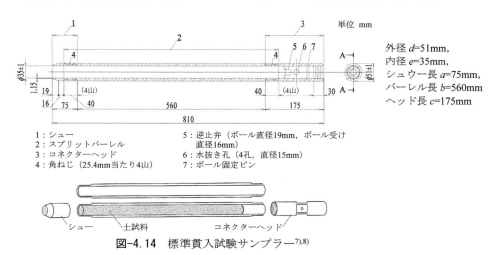

図-4.14　標準貫入試験サンプラー [7],[8]

試験手順は，**図-4.15**に示すように事前に直径66mm以上の試験孔を掘削し，孔底に標準貫入試験サンプラーを置き（ロッドの自重が孔底に加わる），まず，サンプラーを150mmだけ予備打ちで貫入させ，次に300mmの本打ちを行い，N値として計測する（さらに50mm後打ちする場合もある）。計測記録の例を**図-4.16**に示す。ロッドとハンマーの自重だけで貫入するような軟弱土（主として鋭敏性の高い沖積粘土）は，$N=0$の「**自沈**」として記録される。サンプラーに入った試料は乱れているが，粘性土では含水比の変化はないので，物理試験試料として用いることができる。この試料の観察記録，粒度試験，含水比試験やコンシステンシー試験などから**図-4.17**に示すような**土質柱状図**が作られる。一般に，試験は1m間隔で行うが，地層の変化が大きい場合は，重要な層（透水層，不透水層など）を見落とす可能性があるので，注意を要する。

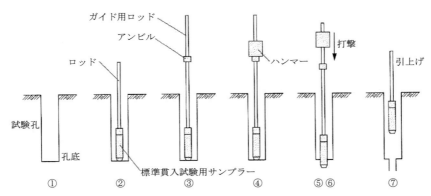

図-4.15 標準貫入試験の試験手順[8]

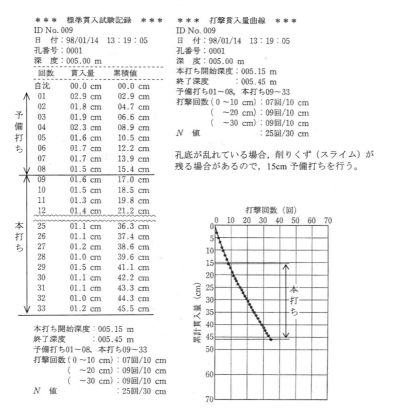

図-4.16 標準貫入試験における打撃回数と累計貫入量の記録例[8]

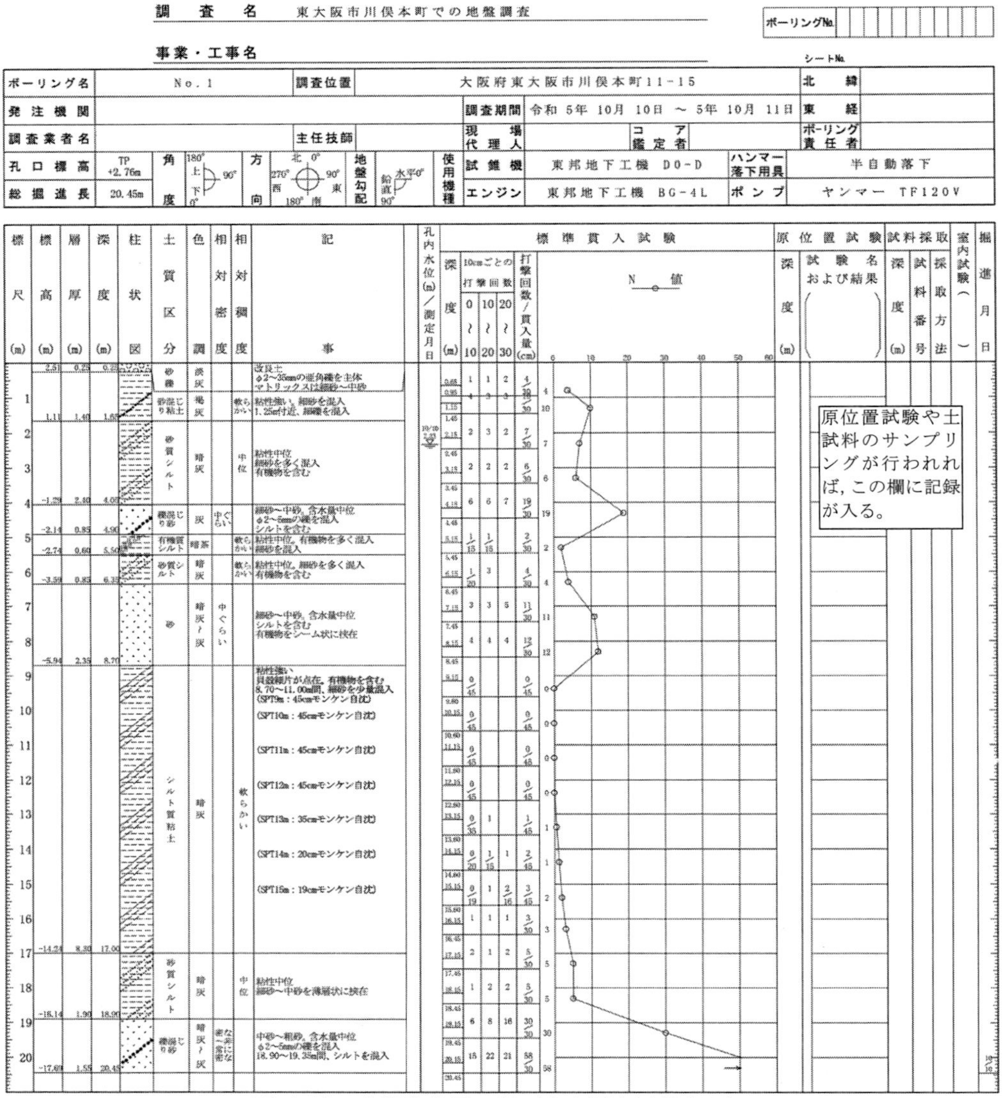

図-4.17　土質柱状図の例（東大阪市川俣本町）

(2) N 値の解釈と利用

砂質土の N 値と相対密度，せん断抵抗角の関係は，数多くの提案がされているが，それらを図-4.18 と表-4.4 に示す。ただし，図表内のϕは排水せん断に対するϕ_dである。これらの方法で簡便に N 値からϕ_dを推定することができるが，同じ密度でも深度によって，すなわち有効上載圧σ_v'によって N 値が変化するため，最近では以下のようにσ_v'(kN/m²)を考慮した推定式が各基準で用いられている。

① 道路橋示方書：

$$\phi = 4.8\ln\left(\frac{170N}{\sigma_v'+70}\right)+21 \quad (N>5) \tag{4.4}$$

② 港湾施設の技術上の基準：

$$\phi = 25+3.2\sqrt{\frac{100N}{\sigma_v'+70}} \tag{4.5}$$

③ 鉄道構造物等設計標準：

$$\phi = 1.85\left(\frac{N}{0.01\sigma_v'+0.7}\right)^{0.6}+26 \tag{4.6}$$

$$\phi = 0.5N+24 \quad (地震時の上限値)$$

第4章 地盤調査

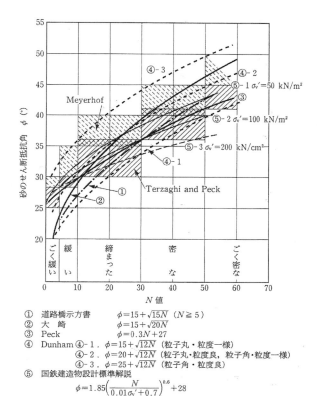

① 道路橋示方書　　$\phi = 15 + \sqrt{15N}$　$(N \geq 5)$
② 大崎　　　　　$\phi = 15 + \sqrt{20N}$
③ Peck　　　　　$\phi = 0.3N + 27$
④ Dunham ④-1．$\phi = 15 + \sqrt{12N}$（粒子丸・粒度一様）
　　　　　④-2．$\phi = 20 + \sqrt{12N}$（粒子丸・粒度良，粒子角・粒度一様）
　　　　　④-3．$\phi = 25 + \sqrt{12N}$（粒子角・粒度良）
⑤ 国鉄建造物設計標準解説
　　$\phi = 1.85 \left(\dfrac{N}{0.01\sigma_v' + 0.7} \right)^{0.6} + 28$
　ここに，σ_v'：有効上載圧 (kN/m²)

図-4.18 砂質土のN値とせん断抵抗角の関係[6]

表-4.4 砂質土のN値とせん断抵抗角の関係[6]

N値（相対密度）	せん断抵抗角 ϕ（度）				
	Terzaghi Peck	Meyerhof	Dunham	大崎[※1]	道路橋[※2]
0～4（非常に緩い）	28.5>	30>	①粒子丸・粒度一様 $\sqrt{12N}+15$		
4～10（緩い）	28.5～30	30～35			
10～30（中位の）	30～36	35～40	②粒子丸・粒度良 $\sqrt{12N}+20$	$\sqrt{20N}+15$	$\sqrt{15N}+15$ $(N \geq 5)$
30～50（密な）	36～41	40～45	③粒子角・粒度一様 $\sqrt{12N}+25$		
>50（非常に密な）	>41	>45			

※1：建築基礎構造設計指針に引用されている。
※2：道路橋示方書1996年版以前で採用されていた。

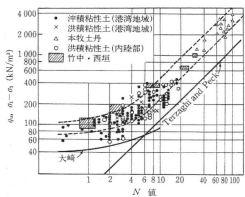

図-4.19 粘性土のN値と一軸圧縮強さq_uの関係[6]

④ 建築基礎構造設計指針：
$\phi = \sqrt{20N_1} + 20$ 　$(3.5 \leq N_1 > 20)$
$\phi = 40$ 　$(20 \leq N_1)$
ただし，$N_1 = \sqrt{\dfrac{98}{\sigma_v'}} \times N$　　(4.7)

前述したように，図表および推定式のϕは排水せん断に対するϕ_dである。しかし，地下水位以深における実際の試験の各打撃は衝撃貫入であるので，土は非排水状態と考えられるので，特に緩い地盤では，N値の解釈に問題があることに注意しなければならない（緩い砂質土でもϕ_dが30°未満を示すことはまずない）。これを別の観点からみて，<u>N値が10以下の砂は飽和状態で地震時に液状化の可能性があるため</u>，実設計では，図-4.18のN値の小さい領域は地盤改良などの検討が必要である。

粘性土のN値と一軸圧縮強さq_uの関係も数多くの提案がされているが，それらを図-4.19に示す。Terzaghi and Peckによるq_uは小さすぎるとの指摘が強く，日本では$q_u = (25～50)N$（kN/m²）程度と考えられている。

同じN値でも砂質土と粘性土はその強さが大きく異なること（粘土のN値≧15は砂のN値≧50に相当する），すなわち土質によってN値の解釈は大きく異なることに注意しなければならない。N値は，ハンマーとロッドとの摩擦，ハンマーの落下方式の違い，ロッドの長さなどによるエネルギー損失の違い，サンプラーの先端閉塞の程度（粘土では非閉塞で貫入，礫では閉塞状態で貫入となる），サンプラー径より大きい礫の存在などによって，かなり異なった結果を得る他，土の種類の判定精度，値自体のばらつきがあるので，図-4.18，図-4.19などを用いるときには，判断が必要である。また広い沖積平野の地層の面的な広がりを調べるには，いくつかの地点で標準貫入試験を行って地層構成を把握し，その後はより作業効率の高い4.5.3の動的コーン貫入試験を多数行って，間を補間するなどを考えることが肝要である。

4.5.3 動的コーン貫入試験（DCPT）

先端に円錐形のコーンを取り付けたロッドをハンマーの打撃によって地盤に打ち込み，貫入量と打撃回数の関係から地盤の硬軟・締まり具合を調べる試験である。動的コーン貫入試験（Dynamic Cone Penetration Test）はいろいろな方法があるが，一般に用いられるのは**表-4.5**に示す打撃仕様の規模が異なる3種類である。

表-4.5 各種動的コーン貫入試験の仕様

試験名	ハンマー 質量(kg)	落下高 (mm)	ロッド 直径 (mm)	コーン 直径 (mm)	コーン 角度(°)	貫入量 (mm)	E [注] (kJ/m²)	適用性
簡易動的コーン	5.0	500	16.0	25.0	60	100	49	宅地，急傾斜地
中型動的コーン	30.0	350	28.0	36.6	90	200	98	標準貫入試験の補間
大型動的コーン	63.5	500	32.0	45.0	90	200	196	標準貫入試験の補間

注）E：コーンの単位面積当たりの打撃エネルギー

(1) 簡易動的コーン貫入試験（P-DCPT）

図-4.20に簡易動的コーン貫入試験（Portable Dynamic Cone Penetration Test）を示す。この試験方法は地盤工学会基準（JGS 1443）に規定されている。この試験は質量5 kgのハンマーを500 mmの高さから手動で自由落下させ，貫入量100 mm当たりの打撃回数N_d値を測定するものである。**図-4.21**に試験結果の例を示す。

簡易動的コーン貫入試験は，小型・軽量で携帯性に優れていることから，傾斜地の表層土の調査，斜面崩壊地の調査，小規模建築物（戸建て住宅）の支持力調査などに用いられている。標準貫入試験のN値との関係は，コーン単位面積・単位貫入量当たりのエネルギー換算から，次式で表される[9]。

$$N = 0.51 N_d \tag{4.8}$$

ただし，ロッドが単管式であるため，貫入が深くなるとロッドと地盤の周面摩擦力が大きくなり，N_d値が過大に測定されるので，適用深度は地盤表層部の4～5 m程度に限定される（**図-4.21**参照）。

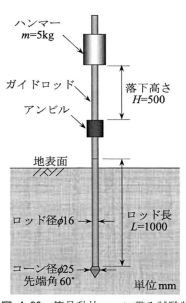

図-4.20 簡易動的コーン貫入試験装置

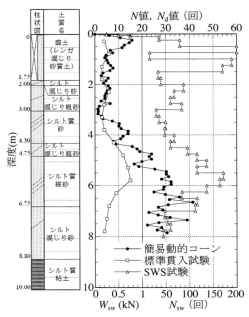

図-4.21 簡易動的コーン貫入試験結果と他の試験との比較例[10]

(2) 大型，中型動的コーン貫入試験（H-DCPT，M-DCPT）

大型，中型動的コーン貫入試験は，建築分野では宅地の杭状地盤改良（深層混合処理工法，小口径杭工法など）の支持層を確認する目的で，また，4.5.5のスクリューウエイト貫入（SWS）試験では貫入力不足となるような地盤条件で使用されている。かつ土木分野では，標準貫入試験（SPT）を平面的に補間する目的で，よく用いられるようになってきた。これらの試験は日本産業規格（JIS A 1230）に規定されている。

図-4.22に示す大型動的コーン貫入試験（通称：ラムサウンディング，Heavy Dynamic Cone Penetration Test）は，質量63.5 kgのハンマーを高さ500 mmから自由落下させ，貫入量200 mm毎の打撃回数N_d値を連続測定する。ただし，単管式によるロッドの周面摩擦の影響を除くために，ロッドの回転トルクM_v（N・m）を測定して次式で測定打撃回数N_{dm}から補正打撃回数を求める方法が採られている。

$$N_d = N_{dm} - \beta M_v \tag{4.9}$$

上式のβはトルクによる周面摩擦補正係数（打撃仕様のみで決定される）で，大型動的コーン貫入試験では$\beta = 0.040$となる。

現在では図-4.23に示す全自動式の試験機が用いられており（図-4.22は，打撃は自動で，トルク測定とデータの収録は手動で行う半自動式の試験機である），ロッドの継ぎ足し以外は全自動で打撃，トルク測定およびデータ収録が行われるため，作業効率が高く，低コストな地盤調査方法となっている。大型動的コーン貫入試験はSPTと単位貫入量当たりのエネルギーが同じとなるため，一般にN_d値≒N値といわれている。図-4.24に試験結果の例を示す。砂地盤ではN値と同等のN_d値が得られている。

一方，大型と同じ装置構成（図-4.22）で，狭隘な敷地に対応できるように小型・軽量化した中型動的コーン貫入試験（通称：ミニラムサウンディング，Medium Dynamic Cone Penetration Test）は，質量30.0 kgのハンマーを350 mmの高さから自由落下させ，貫入量300 mm毎の打撃回数N_d値を測定する。コーンの単位面積当たりのエネルギーが大型の1/2としているので，打撃回数は大型の2倍となるので，測定打撃回数N_{dm}をトルク補正した後，1/2に補正することで大型と同等なN_d値が得られるとされている。

$$N_d = 0.5(N_{dm} - \beta M_v) \tag{4.10}$$

中型動的コーン貫入試験の周面摩擦補正係数は$\beta = 0.139$となる。

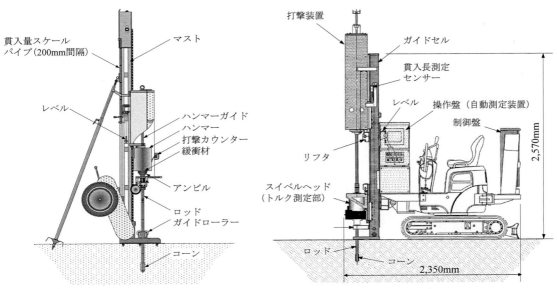

図-4.22 大型動的コーン貫入試験機（半自動式）[11]　　図-4.23 大型動的コーン貫入試験機（全自動式）[12]

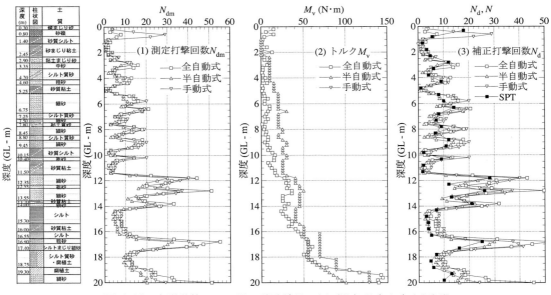

図-4.24 大型動的コーン貫入試験結果の例（滋賀県守山市水保）[13]

4.5.4 静的コーン貫入試験

先端に円錐形のコーンを取り付けたロッドを静的に圧入し，地盤のコーン貫入抵抗を深さ方向に連続的に求める試験である。この試験にもいくつかの種類があるが，代表的な試験として，**ポータブルコーン貫入試験**（地盤工学会基準 JGS 1431），**電気式コーン貫入試験**（JGS 1435），**機械式コーン貫入試験**（旧名称：オランダ式二重管コーン貫入試験，JIS A 1220）があり，試験方法によって適用範囲が異なるが，主に軟弱な粘性土や砂質土地盤に適用される。ポータブルコーン貫入試験は深度 3〜5 m 軟弱粘性土地盤を対象に人力で静的にコーンを貫入させるもの，機械式コーン貫入試験は主に北海道の泥炭地盤に適用されている。

現在，最も多用されているのが**図-4.25** に示す**電気式コーン貫入試験**（Electric Cone Penetration Test，通称 CPT，JGS 1435）で，コーン先端貫入抵抗 q_t，土とスリーブの周面摩擦抵抗 f_s，およびコーン直上のフィルター部の間隙水圧 u を測定するため，**三成分コーン貫入試験**とも呼ばれる。さらに，コーン部の傾斜角，温度なども測れる機器となっている場合もある。

図-4.26 に電気式コーン貫入試験の測定例を示す。この試験の最大の特長は，深さ方向に連続した測定値が得られることである。連続的に得られた q_t，f_s，u の値から土質分類をする方法も提案されており[14]（特に u が静水圧以上であれば粘性土，静水圧以下であれば砂質土と判定できる），粘性土と砂質土の互層や砂であってもシルト質を含んだ透水性の悪い層といった細かい層序を把握することができる。大きな玉石及び強固な砂礫地盤以外の砂質土，粘性土，有機質土，火山灰といった広範な土質に適用可能で，粘性土の非排水せん断強さ s_u，砂質土のせん断抵抗角 ϕ，相対密度 D_r なども推定することが可能で，液状化判定を行うことも可能である。電気式コーン貫入試験の q_t から粘性土の非排水せん断強さ s_u は次式で推定できる。

$$s_u = (q_t - \sigma_{v0})/N_{kt} \tag{4.11}$$

ここに，N_{kt} はコーン係数，σ_{v0} は鉛直全応力である。日本の沖積粘土層の N_{kt} は 8〜16 といわれている。

また，近年のエレクトロニクス技術の発達により，センサーの高性能化，小型化が進み，様々なセンサーをコーン貫入試験器内部に組み込むことが可能となってきたため，せん断波速度を測定できる<u>サイスミックコーン貫入試験器</u>，電気伝導度を測定できる<u>電気比抵抗コーン貫入試験器</u>，地盤の含水量および湿潤密度も測定できる<u>ラジオアイソトープ（RI）コーン貫入試験器</u>などが開発され，既に実用化されている。電気式コ

ーン貫入試験は，地盤特性を連続的かつ経済的にリアルタイムに把握できることから，ヨーロッパでは既に地盤調査法の中心的な役割をはたしている。日本ではまだ標準貫入試験が中心であるが，今後，電気式コーン貫入試験の果たす役割が大きくなると考えられる。

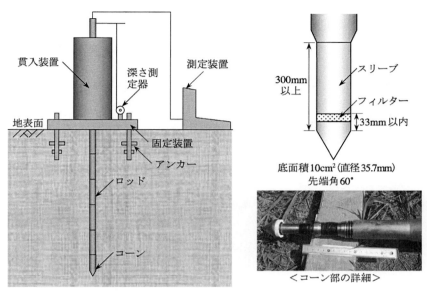

図-4.25 電気式コーン貫入試験装置 [14]

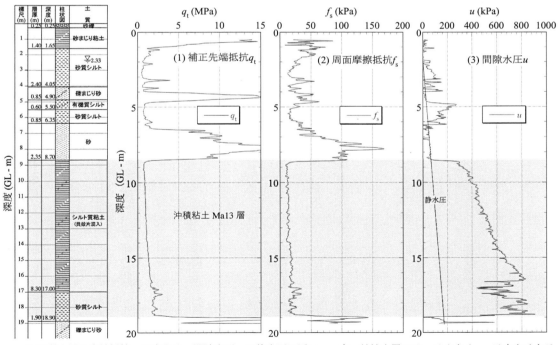

※砂質土層の先端抵抗 q_t は大きく，間隙水圧 u は静水圧に近い。一方，粘性土層では q_t は小さく，u は大きくなる（コーン貫入により過剰間隙水圧が発生するため）。

図-4.26 電気式コーン貫入試験の測定例（東大阪市川俣本町）

4.5.5 スクリューウエイト貫入（SWS）試験

スウェーデン国有鉄道が 1917 年頃に開発した試験で，日本には 1954 年頃に導入された。大手ハウスメーカーを中心に 1980 年代初めから戸建住宅の地盤調査方法として採用されてきた。2001 年に国土交通省告示第 1113 号において地盤の許容応力度の算定式（後述）が示されたこと，全自動式試験機が開発されたことを機に，一気に普及し，現在では宅地の地盤調査の標準試験となっている。試験方法は JIS A 1221 で規定されている。かつては導入元の国名を付けて「スウェーデン式サウンディング試験」と呼んでいたが，2020 年の JIS 改正時に「**スクリューウエイト貫入試験（Screw Weight Sounding test，略称 SWS 試験）**」に改称された。

SWS 試験は，ロッド（ϕ19mm）の先端に**図-4.27**に示す鋼製のスクリューポイント（最大径ϕ33.3 mm，四角錐を右ねじり 1 回を与えたもの）を取り付け，0.05, 0.15, 0.25, 0.50, 0.75, 1kN（5, 15, 25, 50, 75, 100 kgf）の荷重 W_{sw} を順次載荷した時の貫入量，および 1kN で貫入が止まった後に 250 mm 回転貫入させた時の半回転数 N_a を貫入量 1 m 当たりに換算（4 倍）した半回転数 N_{sw} を測定するもので，W_{sw} と N_{sw} から土の硬軟や締まり具合を判定でき，地盤の強度定数や支持力度を推定することができる。

SWS 試験装置の種類を**図-4.28**に示す。元々は図(1)の手動式であったが，調査作業の省力化や試験精度向上を目的に開発された半自動式（荷重載荷は手動，回転貫入は自動）と全自動式（荷重載荷・回転貫入および計測は自動，ロッドの継ぎ足しのみ手動）がある。現在，実務ではほとんど全自動式が用いられる。試験結果の例を**図-4.29**に示す。図は 2 社（いずれも全自動式試験装置）の結果を比較しているが，図(2)の佐賀県白石町では鋭敏性の高い軟弱な有明粘土層で自沈（$W_{sw} \leq 1$ kN）が生じている。SWS 試験の適用深度は一般に 10 m といわれているが，20 m 程度までの調査も可能である。

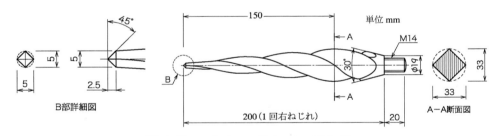

図-4.27 スクリューポイントの形状 [15]

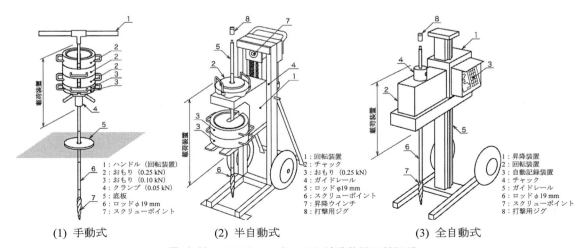

図-4.28 スクリューウエイト試験装置の種類 [15]

第4章 地盤調査

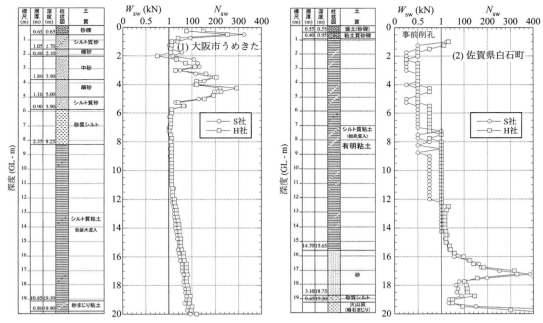

図-4.29 スウェーデン式サウンディングの測定例[16]

SWS 試験は，反力がいらず，比較的貫入能力に優れており，さらに上記の全自動式試験機も普及しているので，短時間（10m の調査なら30分以内）に軟弱層の調査が可能である。ただし，密な砂質地盤，礫・玉石層，固結層では貫入力不足のため適用できない。また，動的コーン貫入試験と同様に単管式であるため，ロッドの周面摩擦の影響は避けられず，調査深度が深くなるほど過大な貫入抵抗になる可能性がある。さらに，異形のスクリューポイント（図-4.27 参照）を圧入と回転で貫入するため，W_{sw} と N_{sw} の解釈が難しく，基本的に地盤強度の概略を与えるものと考えるべきである。

一方，最近では建築基準法の改正及び「住宅の品質確保の促進に関する法律（品確法）」の施行から，SWS 試験は戸建住宅などの小規模構造物の支持力特性を把握する地盤調査法として標準的な試験法となっている。国土交通省告示（2001 年第 1113 号）によって，N_{sw} から長期許容支持力 q_a (kN/m²) を求める方法として式(4.12)が示され，実務で使われている。さらに，建築学会（小規模建築物基礎設計指針）では W_{sw} を考慮した式(4.13)が推奨されている[18]。

$$q_a = 30 + 0.6 N_{sw} \tag{4.12}$$

$$q_a = 30 W_{sw} + 0.64 N_{sw} \tag{4.13}$$

また，SWS 試験の結果を基礎設計に利用することを目的に N 値と W_{sw}，N_{sw} との関係として図-4.30 が示され，次式の相関式（提案者の名前から稲田式と呼ばれる）が提案されている[19]。

礫・砂・砂質土： $N = 2 W_{sw} + 0.067 N_{sw}$ (4.14)

粘土・粘性土： $N = 3 W_{sw} + 0.050 N_{sw}$ (4.15)

さらに，粘土の一軸圧縮強さ q_u (kN/m²) と W_{sw}，N_{sw} との関係として図-4.31 が示され，次式の相関式が稲田によって提案されている[19]。

$$q_u = 45 W_{sw} + 0.75 N_{sw} \tag{4.16}$$

実務では SWS 試験結果から上式で N 値，q_u 値に換算して使われているが，前述の理由から，いずれの相関関係もばらつきが大きいことを前提として十分余裕を見込んで利用する必要がある。

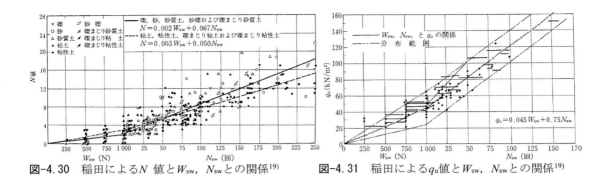

図-4.30 稲田によるN値とW_{sw}, N_{sw}との関係[19]　　図-4.31 稲田によるq_u値とW_{sw}, N_{sw}との関係[19]

　一方，大島・深井ら[16),17)]は，N値とW_{sw}, N_{sw}との関係として図-4.32を報告し，次式の新たな相関式を提案している．

　　砂質土：$N=4W_{sw}+0.040N_{sw}$　　　　　[$N_{sw}≦300$]　　　　　　　　　　　　　　(4.17)

　　　　　　$N=16W_{sw}+0.022(N_{sw}-300)$　[$300<N_{sw}≦600$]　　　　　　　　　　　(4.18)

　　粘性土：$N=1W_{sw}+0.044N_{sw}$　　　　　[$N_{sw}≦300$]　　　　　　　　　　　　　　(4.19)

この相関式は深度20mまでを対象に国内33地点で実施した全自動式のSWS試験結果と自動落下法のSPT結果によるもので，砂質土は，$N_{sw}≦300$, $300<N_{sw}≦600$に分けて，粘性土は$N_{sw}≦300$を対象として提案されている．

　また，大島・深井[17)]は，非排水せん断強さs_u値とW_{sw}, N_{sw}との関係として図-4.33を報告し，次式の新たな相関式を提案している．$s_u=q_u/2$であるので，式(4.16)に比べてのW_{sw}, N_{sw}の係数は1/2となっている．

　　一般粘性土：$s_u=39W_{sw}+0.44N_{sw}$　　　　　　　　　　　　　　　　　　　　　　　(4.20)

　　鋭敏粘土：　$s_u=45W_{sw}+0.49N_{sw}$　　　　　　　　　　　　　　　　　　　　　　　(4.21)

　　一般粘性土＋鋭敏粘土：$s_u=41W_{sw}+0.38N_{sw}$　　　　　　　　　　　　　　　　　　(4.22)

ここで，相関式を一般粘性土と鋭敏粘土に分けたのは，鋭敏粘土ではスクリューポイントが貫入する際に粘土が練り返され，自沈傾向が強く，s_u値に対して貫入抵抗が小さくなるためである（相関式のW_{sw}, N_{sw}の傾きが一般粘性土に比べて大きくなる）．ただし，自沈層でのデータのばらつきがやや大きい．この相関式は深度20mまでを対象に国内25地点で実施した全自動式のSWS試験結果と室内力学試験（一軸圧縮試験，圧密定体積一面せん断試験）によるものである．図-4.33には式(4.16)の稲田式の関係も書き入れているが，稲田式の関係は測定値の下限値となっている．

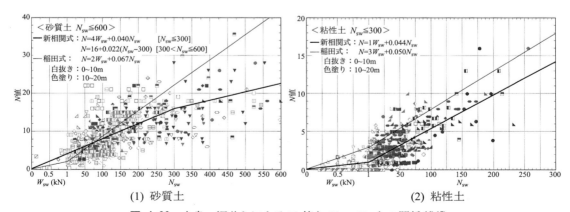

(1) 砂質土　　　　　　　　　　　　(2) 粘性土

図-4.32 大島・深井らによるN値とW_{sw}, N_{sw}との関係[16),17)]

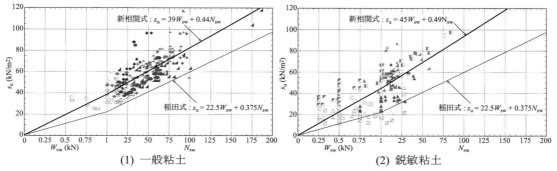

図-4.33 大島・深井らによる s_u 値と W_{sw}, N_{sw} との関係 [17]

4.5.6 その他の地盤調査方法

(1) その他のサウンディング試験

原位置ベーンせん断試験は，実地盤にベーンを差し込み，その回転抵抗（トルク）から粘性土地盤のせん断強さを直接求める試験である。この試験は，原理がわかりやすいこと，せん断強さが直接的，かつ簡便に算出できることから，地盤の短期安定問題の検討に世界各地で幅広く利用されている。

土壌硬度試験は，土壌硬度計を用いて，自然斜面，切土，盛土法面，トンネル切羽などの露出した地盤，安定処理した地盤またはその供試体，サンプリング試料などの土壌硬度を測定する方法である。

針貫入試験は，一軸圧縮強さ q_u がおよそ $9.8\mathrm{MN/m^2}$ 以下の安定処理土を含む土および軟岩に対して針を貫入させ，貫入長さとその時の荷重から，強度推定する試験である。

岩盤のリバウンドハンマー試験（旧名称：シュミット式ハンマー試験）は，岩盤に対してリバウンドハンマーによって打撃し，そのはねかえり量を測定して力学特性を簡易的に推定する試験である。ダム基礎，原子力発電所基礎地盤，トンネル・地下空洞などの岩盤構造物の調査・設計等の事前評価および施工管理において行われている利用頻度の高い試験である。

(2) 載荷試験

原位置で行う載荷試験として，ボーリング孔を利用してゴムチューブまたは孔内ジャッキを膨張させて孔壁面を加圧し，その時の圧力と変位量を測定して地盤の強度と変形特性を求める**孔内載荷試験**（プレボーリング低圧プレッシャーメータ試験，プレボーリング高圧プレッシャーメータ試験，セルフボーリングプレッシャーメータ試験，ボアホールジャッキ試験）がある。また，地盤に剛な載荷板を設置して垂直荷重を与え，荷重と沈下量の関係から地盤反力係数，極限支持力などを求める**平板載荷試験**（地盤の平板載荷試験，道路の平板載荷試験，現場CBR試験）がある。

(3) 地下水調査

地下水調査として，**地下水位の測定**（手動式水位測定器，電気式間隙水圧計などによる），**現場透水試験**（単孔式（定常法，非定常法），多孔式（揚水試験）による帯水層の透水係数，透水量係数，貯留係数の測定）などがある。

(4) 現場密度試験

実地盤の密度を測定する現場密度試験として，原位置の地盤の土を掘り起こして試験孔をあけ，掘り出した土質量，密度が既知となる砂または水を試験孔に充填した体積から密度を測定する方法で，**砂置換法**，**突き砂法**，**水置換法**がある。また，**コアカッター法**（直径，高さが決まった鋼製コアカッターによる），**RI計器法**（ラジオアイソトープによる γ 線と中性子線による）も用いられる。

引用文献

1) 日本材料学会：実務者のための戸建住宅の地盤改良・補強工法～考え方と適用まで～，オーム社，pp.37-69，2010.

2) 地盤工学会：地盤調査 −基本と手引き−，pp.37-44，2005.

3) 地盤工学会：地盤調査 −基本と手引き−，pp.77-84，2005.

4) 地盤工学会：地盤調査の方法と解説，pp.165-200，2013.

5) 地盤工学会：地盤調査の方法と解説，pp.226-253，2013.

6) 地盤工学会：地盤調査の方法と解説，pp.279-313，2013.

7) 日本産業規格：JIS A 1219 標準貫入試験方法，2023.

8) 地盤工学会：地盤調査 −基本と手引き−，p105-118，2005.

9) 大島昭彦：各種地盤調査法の一斉試験による比較，小規模建築物の地盤調査法シンポジウム 「宅地の液状化判定のための地盤調査法」，日本建築学会， pp.7-16，2013.

10) 松村洋嘉・大島昭彦・大倉祥平：宅地地盤調査における簡易動的コーン貫入試験の適用性の検討，第44回地盤工学研究発表会，pp.57～58，2009.

11) 日本産業規格：JIS A 1219 動的コーン貫入試験方法，2024.

12) 丸尾史郎・楢田智之・武藤真幸・大島昭彦・平田茂良・柴田芳彦・西田功：大型動的コーン貫入試験装置の改良，第49回地盤工学研究発表会， pp.195～196，2014.

13) 平田茂良・山本明弘・市村仁志・西田功・伊藤義行・佐藤博・大島昭彦：滋賀県守山市における地盤調査一斉試験（その3：大型動的コーン貫入試験），第48回地盤工学研究発表会，No.88，pp.175～176，2013.

14) 地盤工学会：地盤調査の方法と解説，pp.366-398，2013.

15) 日本産業規格：JIS A 1221 スクリューウエイト貫入試験方法，2020.

16) 大島昭彦・安田賢吾・深井公・松谷裕治：スウェーデン式サウンディング試験結果とN値との新相関式の提案，第54回地盤工学研究発表会， pp.1565～1566，2019.

17) 深井公・大島昭彦・安田賢吾・中野将吾・萩原侑大・松谷裕治：スクリューウエイト貫入（SWS）試験結果とN値，s_u値との新相関式の提案，地盤工学ジャーナル，Vol.16，No.4，pp.319-331，2021.

18) 小規模建築物基礎設計指針：建築学会，pp.74-79，2008.

19) 稲田倍穂：スウェーデン式サウンディング試験の使用について，土と基礎，Vol.8，No.1，pp.13-18，1960.

第5章
地形・地質と地盤情報

　本章では，まず，地形・地質と地盤について，地質年代，沖積層の堆積過程，沖積平野の主な地形と特徴を説明する．次に，大阪の地盤を対象として，その概要，西大阪地域，上町台地，東大阪地域の地盤の特徴を説明する．さらに，地盤情報として，地図情報，地盤情報の取り方を説明する．地形地質および地盤情報は実地盤の特性，地盤工学の諸問題を解くための基本情報となるので，理解を深めてほしい．

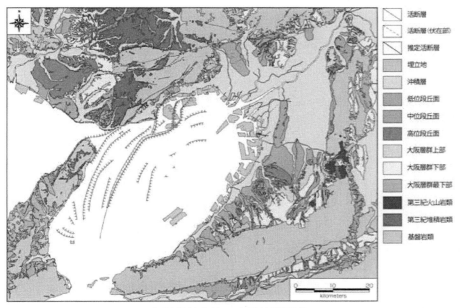

大阪堆積盆地の表層地質図[1]

5.1 地形・地質と地盤

地形・地質と地盤（地層）構成は，地殻変動と海水面変動の影響を受ける。山地や平地のようなマクロ地形は前者で決まるが，平野部の地盤工学に関わる地形と地盤構成は後者の影響を強く受ける。

5.1.1 地質年代

工学的に対象となる土層は，表-5.1に示す新生代の第四紀（約258万年前）以降のものである。それ以前の新第三紀（2,350万年前），古第三紀（6,500万年前）までは土は岩石化している。第四紀には大陸が氷河で覆われる氷期と暖かい間氷期が約10万年周期で何度も繰り返された（氷期と間氷期で海水面が100～140m程度変化した）が，最後の氷期が終了してから現在までの約11,700年間の時代を沖積世（地質学：完新世）といい，その時代に形成された土層を沖積層（同：完新統）と呼ぶ。それ以前の第四紀の時代を洪積世（同：更新世）といい，その時代に形成された土層を洪積層（同：更新統）と呼ぶ。氷期と間氷期の繰返しによって海水面の下降（海退）と上昇（海進）が起こり，平野部では前者で粗い土層（礫，砂）が，後者で細かい土層（シルト，粘土）が形成され，互層となっている（後述する大阪平野の地盤が典型的である）。

なお，「沖積」という用語は現在の河川や沿岸流による低地での堆積作用を，「洪積」は洪水による堆積作用を意味している。工学的には沖積層，洪積層という呼び方が一般的であるが，世界的には通用せず，徐々に更新統，完新統という呼び方に変わりつつあるので，注意してほしい。

表-5.1　地質年代

中生代	新生代				
	古第三紀	新第三紀	第四紀		
	漸新世	鮮新世	洪積世（更新世）	沖積世（完新世）	
6,700万年前　2,350万年前　258万年前　　　1.17万年前　　　現在					
岩石化			洪積層（更新統）	沖積層（完新統）	

5.1.2 沖積層の堆積過程 [2]

沖積層（完新統）が堆積する前の氷期最盛期（約2万年前）には，海水面が現在よりも約100～140mも低く，当時の海岸線は現在よりもはるかに沖合に後退し（東京湾，大阪湾，瀬戸内海などは陸地），海に注ぐ河川は当時の地盤を浸食し，谷を形成した（多くの沖積平野下には深さ数10mの埋没した谷が存在している）。その後，氷期が終了し（約18,000年前），気候が温暖化してくると海水面が上昇（海進）し，谷に沿って海水は陸地に進入し，入海や狭長な湾入をつくる（約7,000～5,000年前）。このような入海はおぼれ谷と呼ばれる。関東地方では図-5.1に示すように，利根川，江戸川，荒川沿いにおぼれ谷を形成している。霞ヶ浦や印旛沼など利根川下流沿岸地域に見られる湖沼はその名残である。

河川は急傾斜の上流部で流速が早く，浸食作用を主として行い，下流部では流速を減じ，主として堆積作用を行って厚い沖積層を形成する。それを模式的に表したのが図-5.2である。山地から平野に出る部分で扇状地が，平野部で自然堤防，後背湿地が，臨海部で三角州が形成される。

扇状地では，山地から運搬されてきた土砂が急激に堆積し，砂礫を主体とする厚い沖積層が形成される。一般に，図-5.3に示すように谷の出口を中心とした同心円状の等高線をもった特徴的な地形となる。

扇状地以降の河川は蛇行しながら流れ（勾配1/1000以下），堆積物は砂質土が主体となる。洪水時に河川が川岸を越えて氾濫した場合，氾濫水は河道を離れると急激に流速を減少するため，河道の岸に沿って比較的粗粒の砂質土が堆積し，堤防状の高まりが河の両岸に沿って形成される。これを自然堤防という（図-5.4参照）。それより外側の低平な土地を後背湿地といい，泥水として運び込まれた細粒土が堆積するため，シルトや粘土が主体となる。また，図-5.5に示すように，自然堤防は小高く，集落や畑が帯状に連なり，表層地盤は比較的良好である。一方，後背湿地は広い水田になっていることが多く，軟弱地盤を形成している。

-88-

第5章 地形・地質と地盤情報

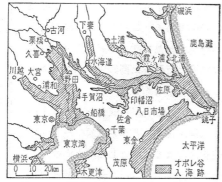

図-5.1 関東地方のおぼれ谷[2)]

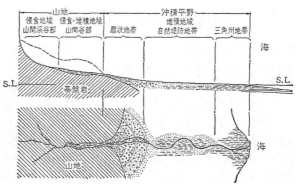

図-5.2 河川による沖積層の堆積[2)]

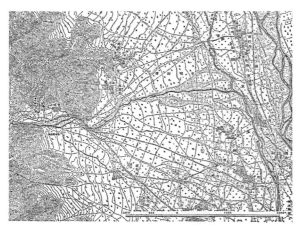

図-5.3 典型的な扇状地形（長野県安曇野）[2)]

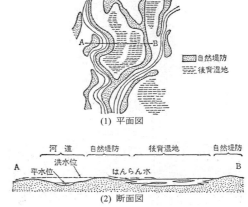

図-5.4 河川堤防と後背湿地[2)]

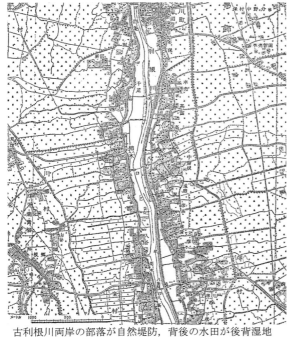

古利根川両岸の部落が自然堤防，背後の水田が後背湿地
図-5.5 古利根川沿岸の自然堤防と後背湿地[2)]

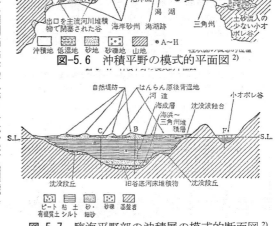

図-5.6 沖積平野の模式的平面図[2)]

図-5.7 臨海平野部の沖積層の模式的断面図[2)]

-89-

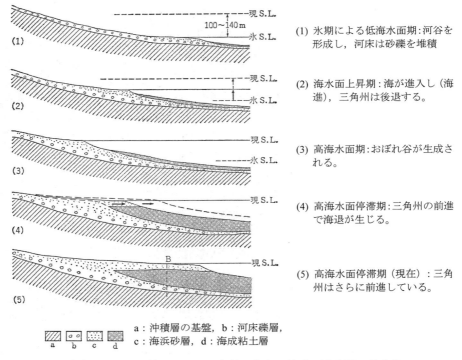

図-5.8 海水面の上昇・停滞による三角州の後退・前進と沖積層の堆積 [2]

　河川が海に出ると流速がゼロとなり，運搬能力がなくなるので細粒土を沈殿堆積し，河口の海岸線は次第に沖の方に進出して**三角州**が形成される。三角州の沖合では海成粘土層が形成される。

　以上のまとめとして，沖積平野の模式的平面図を**図-5.6**に，臨海平野の模式的断面図を**図-5.7**に，沖積層の堆積過程の模式図を**図-5.8**に示す。

　図-5.9に海水面の上昇・停滞（海進・海退）による沖積層堆積物の変化を示す。沖積層堆積物の変化（下から順に砂礫～砂～粘土～砂～砂礫）は堆積環境の変化（海水面高さ変化）に応じたものとなる。特に，沖積粘土層の液性限界 w_L（塑性）は上下部で低く，中央部で高くなる弓形分布を示すことが多い。中央部では海水面が最も高くなったといわれており，それは約 6,000 年前の**縄文海進**といわれている。

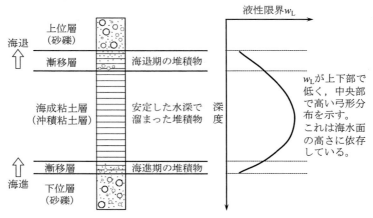

図-5.9 海水面の上昇・停滞（海進・海退）による沖積層堆積物の変化 [3]に加筆修正

5.1.3 沖積平野の主な地形と特徴

地形とは，地表の形，起伏を示すもので，特に地図上で1～2m程度の等高線間隔で表現される地形のことを**微地形**と呼んでいる（先の自然堤防，後背湿地，旧河道など）。

地形はその場所の地質をよく反映しており，地形を把握することによって良好な地盤か，軟弱な地盤かをおおよそ把握することができる。**図-5.10**に沖積平野の模式図を示し，**表-5.2**に代表的な地形と特徴を示す。一般に，地盤として良好な地形は自然堤防，砂州・砂丘，扇状地，台地・段丘，切土地盤，不良な地形は旧河道，開析谷，おぼれ谷，潟湖跡，盛土地盤である。

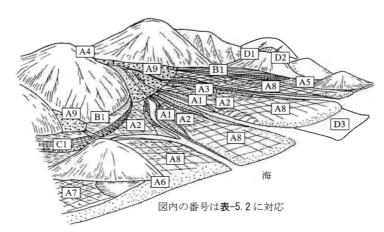

図内の番号は**表-5.2**に対応

図-5.10 沖積平野の地形模式図 [4]

表-5.2 代表的な地形と特徴 [4]

	地形名称	土質	沈下の可能性	地盤としての安全性	
(1) 低地　第四紀層（沖積層）：軟弱（二次堆積物）であり，地下水位が高い(不良)					
A1	自然堤防	表土数mは砂質土で比較的安定	小	低地の中では良好	○
A2	後背湿地	軟弱な粘性土，砂質土が堆積（腐食土の可能性有）	中	軟弱層が厚く均一	△
A3	旧河道	腐植土を含み超軟弱，不均一な堆積	大	超軟弱で不均一	××
A4	開析谷	軟弱な粘性土，砂質土（一部腐植土）が不均一に堆積	大	軟弱で不均一	×
A5	おぼれ谷	腐植土を含み超軟弱，不均一な堆積	大	超軟弱で不均一	××
A6	砂州・砂丘	砂質土が厚く堆積し比較的安定	小	低地の中では良好	○
A7	潟湖跡	腐植土を含み超軟弱，均一と不均一な場合がある	大	超軟弱でやや不均一	×
A8	三角州	軟弱な粘性土，砂質土が厚く堆積	中	軟弱層が厚く均一	△
A9	扇状地	表土以下に砂礫が厚く堆積 比較的安定	小	比較的良好地盤	○
(2) 台地・段丘　第四紀層（洪積層）：低地より一段高い段丘などの平坦地，比較的安定地盤(良好)					
B1	台地・段丘	表土以下にローム層が堆積 比較的安定	小	洪積層で安定地盤	◎
(3) 丘陵地　第三紀層：台地より若干高く，浸食により平坦面が少ない，安定地盤(良好)					
C1	岩錐・崩落土	水に侵され軟弱化する土で間隙大	傾斜危険	人命に関わり危険	××
(4) 人工地盤　極最近：施工次第得良否が決まるが，一般的に不安定地盤が多い(不良)					
D1	切土地盤	一般的には安定	傾斜危険	一般的には良好	○
D2	盛土地盤	土質と施工で大きく異なる	大	一般的には不良	△
D3	埋立地	土質と施工で大きく異なる	中	良好～不良幅広い	△

5.2 大阪の地盤

5.2.1 大阪地盤の概要

大阪平野の地盤の形成は，閉鎖水域の下，以下の要因で形成されたと考えられている。

① 大阪堆積盆地の沈降：厚い堆積層の形成
② 六甲・生駒・金剛・和泉山地の隆起：断層・褶曲の形成
③ 千里・泉北・枚方・上町台地の隆起：堆積層の上昇，断層・褶曲の形成
④ 海水面の変動：・最終氷期（約1.8万年前，海面降下）：堆積層の削剥，下部沖積砂層の堆積
　　　　　　　　・縄文海進（約6,000年前）：最大海水面，沖積粘土層の堆積
　　　　　　　　・その後の海水面停滞・海退：後背湿地，三角州発達，緩い上部沖積砂層の堆積

このため，世界的にも珍しく海進・海退時の堆積物（海成粘土層・砂礫層）の互層が保存されている。

大阪堆積盆地とは，大阪平野や大阪湾を含む一連の堆積場の総称で，盆地状構造のことをいう。**図-5.11**に大阪堆積盆地の陰影図を，**図-5.12**に大阪堆積盆地の主な河川や山地の名称を示す。また，大阪堆積盆地の表層地質図はp.87に示した。平野部や海底部には沖積層が表層に分布し，一部では洪積層（段丘堆積物）とそれよりも古い**大阪層群**と呼ばれる未固結の地層が堆積している。大阪堆積盆地の周りの山地都の境界は活断層（北から時計回りに有馬高槻構造線，生駒断層，中央構造線，大阪湾断層～淡路六甲断層）が存在し，山地部が隆起し，盆地内が沈降してこのような地形が形成された。

図-5.13に大阪堆積盆地の地質図を，**図-5.14**に深層ボーリング（OD：Osaka Deep ボーリング）による大阪平野の地質層序を示す。1960年代に掘削されたOD-1（掘削長907m）は大阪平野の標準層序とされており，海成粘土層には下から順に，Ma-1，Ma0，・・・Ma12の記号（MaはMarin海成の意）が洪積粘土層にふられた。さらに，最上端の沖積粘土層にはMa13が当てられた。これらの粘土層は火山灰などによって堆積年代が特定されている。これは約10万周期で起きた氷期と間氷期のサイクルに対応している。

図-5.15に典型的な西大阪の土性図（大阪市港区大阪港）を示す。上から順に，沖積砂層(As)，沖積粘土層(Ma13)，第1洪積砂礫層(Dg1)，洪積粘土層(Ma12)，第2洪積砂礫層(Dg2)の堆積が見られる。

図-5.16に8,000年前から2,000年前までの大阪平野・河内平野の変遷・古地理図を示す。先に述べたように，最終氷期以降の海進，最も海が拡がった縄文海進（海成粘土層の堆積），その後の海退に伴う三角州の発達（砂層の堆積）の状態が示されている。

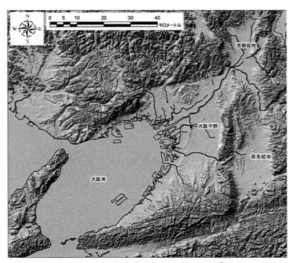
図-5.11　大阪堆積盆地の陰影図[5]

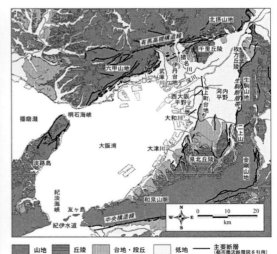
図-5.12　大阪堆積盆地の主な河川や山地の名称[5]

第 5 章　地形・地質と地盤情報

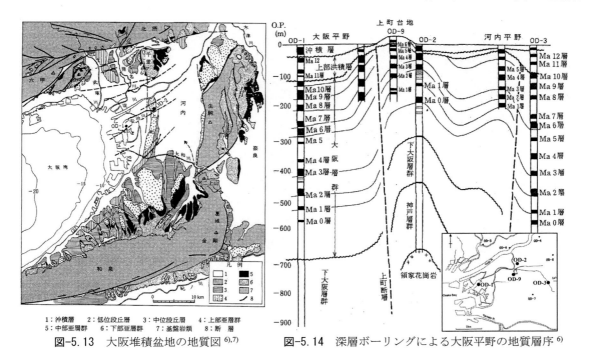

図-5.13　大阪堆積盆地の地質図 6),7)

図-5.14　深層ボーリングによる大阪平野の地質層序 6)

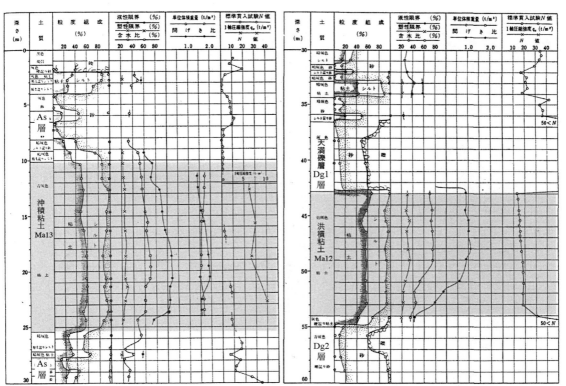

図-5.15　典型的な西大阪の土性図（大阪市港区大阪港）8)

-93-

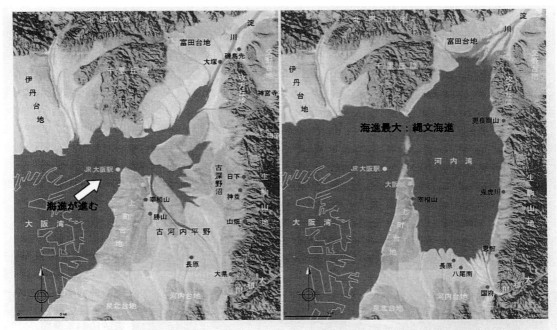

(1) 縄文時代早期中ごろ（約8000年前）　　　　(2) 縄文時代前期中ごろ（約5500年前）
　　　　　　（趙原図）　　　　　　　　　　　　（梶山・市原（1986）を基にして加筆）

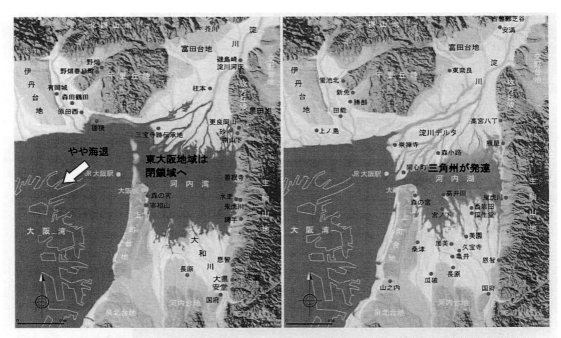

(3) 縄文時代中期はじめ（約5000〜4500年前）　(4) 弥生時代中期末〜後期はじめ（約2000年前）
　　　　（松田2002を基にして加筆）　　　　　　　　（松田2002を基にして加筆）

図-5.16　大阪平野・河内平野の変遷・古地理図 [9]

5.2.2 大阪地盤の地層分布[3]

図-5.17に大阪平野の東西断面（大阪港〜中央大通り，地下鉄中央線沿い）を示す。大阪地域は全体的に低平地からなるが，その中央に上町台地が存在することが特徴である（上町台地は最終氷期以降の海進においても半島状に陸地として残った，図-5.16(2)参照）。図-5.17の断面から上町台地は西側の上町断層の活動によって大きく隆起し，西大阪，東大阪地域の海成粘土よりもかなり古い海成粘土が浅い標高に表れていることがわかる（図-5.14参照）。また，西大阪地域では海成粘土層（Ma13，Ma12層など）がほぼ水平に堆積しているのに対して，東大阪地域ではMa13層はほぼ水平に堆積しているものの，それ以深のMa12層以下の海成粘土層は東側に大きく傾斜しており，西と東で堆積状態に違いがある。

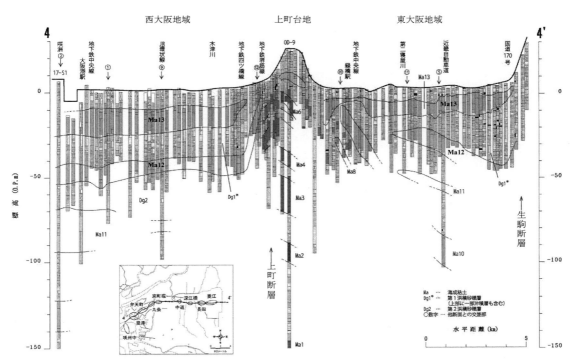

図-5.17 大阪平野の東西断面（大阪港〜中央大通り，地下鉄中央線沿い）[1]

図-5.18に表層の上部沖積砂層の層厚分布を示す。この上部沖積砂層は縄文海進以降に海面が低下した際に河川の堆積作用でMa13層の上に堆積した砂層主体の非海成の地層である。西大阪地域では一様に6m程度を中心に分布するが，上町台地の西側および北側の淀川付近，新大阪付近で10mに達する。この部分の層は砂州（天満砂州，吹田砂州）に対応しており，Ma13層と同時異相の関係にある。砂州の層厚は厚いが，N値が高く，比較的よく締まった層となっている。

図-5.19に上部沖積砂層の下部に堆積する沖積粘土Ma13層の層厚分布を示す。層厚は全体に海側に厚く，陸に向かって薄くなる。西大阪地域では古大阪川（現在の淀川）の河口が拡がる上町台地北部から西に向かってV字状に拡がって分布している。東大阪地域は西大阪地域に比べて全体に層厚が薄く，10m以下の地域が大部分であるが，旧大和川水系の河川（寝屋川，第2寝屋川，平野川，恩智川，玉串川など）沿いでは層厚が10mを超えている。上町台地上にはMa13層は存在しない。

-95-

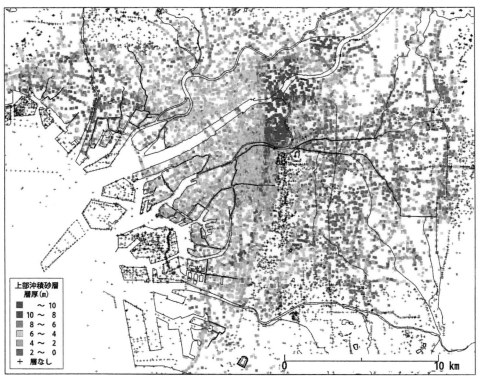

図-5.18 沖積砂層の層厚分布[1]

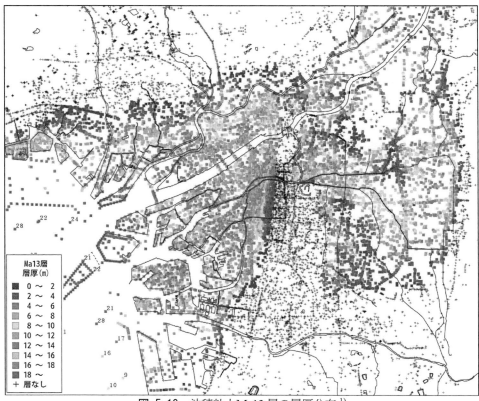

図-5.19 沖積粘土Ma13層の層厚分布[1]

図-5.20にMa13層直下に堆積する第1洪積砂礫層(Dg1層)の層厚分布を示す。大阪市内で見られる厚い礫層は「天満砂礫層」と呼ばれており,中規模構造物の支持層となる。西大阪地域では中之島を中心に北東・南西方向に10mを超えている。この分布の北東延長方向にも淀川に沿って分布しており,この地域の砂礫の分布は古大阪川の河床部に見られる礫層に対応している。東大阪地域は東側ほど層厚が厚くなっている。

図-5.21にDg1層の直下に堆積する洪積粘土Ma12層の層厚分布を示す。主に大阪湾内と西大阪地域,東大阪地域に分布しており,上町台地を含む南北方向にはほとんど分布していない。特に西大阪地域に広く分布し,内陸の伊丹市まで分布している。東大阪地域でも広く分布するが,南部では薄く,東北部で厚くなる傾向がある。ただし,深度が深いので,ボーリングデータの密度は低い。

図-5.22にMa12層の直下に堆積する第2洪積砂礫層(Dg2層)の上面標高分布を示す。大阪市内で見られる礫層は「第2天満砂礫層」と呼ばれており,この層は大規模構造物の支持層となる。深度がさらに深くなるので,ボーリング数は少なくなるが,西大阪地域では上面標高OP-45〜-50m以深となる。層厚分布を示していないが,淀川の南側から大和川付近まで15m以上の層厚で分布している。東大阪地域では上町台地の東端では上面標高は浅いが,東側ほど深くなっている。層厚は一部を除き,一様に10m以上ある。

5.2.3 西大阪地域の地盤の特徴[3]

西大阪地域の地盤の特徴は海成粘土が西から東までほぼ水平にかつ厚く堆積していることである。各粘土層の分布標高は東大阪地域に比べて低くなっている。Ma13層の層厚はほぼ平坦かつ10m以上となっている。これに対してMa12層は港湾部で層厚が20m近くなるが,淀川に沿って東側に薄くなる。この部分は第1洪積砂礫層(Dg1)によってMa12層が削剥されていることがわかっている(古大阪川の河道に対応する)。

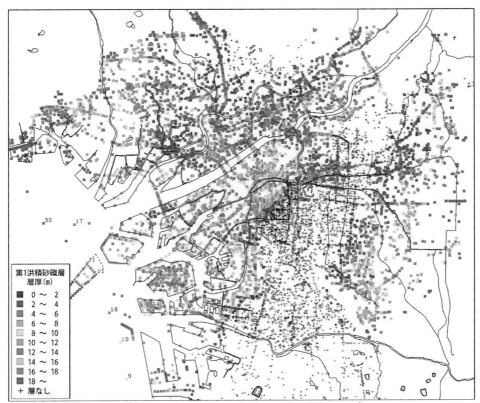

図-5.20 第1洪積砂礫層(Dg1層)の層厚分布[1]

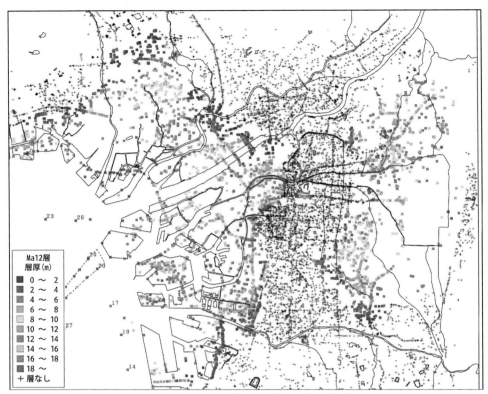

図-5.21 洪積粘土Ma12層の層厚分布 [1]

図-5.22 第2洪積砂礫層（Dg2層）の上面標高分布 [1]

Ma13層とMa12層の間には構造物の支持層となる第1洪積砂礫層（Dg1）が分布し，さらに，海進期において上町台地の西側に波食崖が形成され，そこに砂州が発達したことが特徴である。この砂州は西側のMa13層の堆積と同時異層の関係にある。砂州は西大阪から上町台地の北部に卓越して分布し，一部は千里丘陵の南東付近にも分布している。上町台地付近は天満砂州，千里丘陵東南部は吹田砂州と呼ばれている。

5.2.4 東大阪地域の地盤の特徴[3]

東大阪地域でも西大阪地域と同様にMa13層，Ma12層が堆積しているが，西大阪地域と大きく異なるのは，Ma13層以深の海成粘土層が水平に分布せず，東側に大きく傾いて堆積していることである。この傾動は東端の生駒断層によると考えられている。さらに，南側にも傾斜していることもわかっており，東大阪地域の地層は北西・南東方向に全体に傾動しているといわれている。ただし，Ma13層の層厚は旧大和川水系の河谷の影響を受け，地域によって異なる分布を示す（**図-5.19**参照）。

さらに，東大阪地域の大きな特徴としてMa13層の鋭敏性が挙げられる。自然含水比w_nが液性限界w_Lよりも高い（液性指数I_Lまたは相対含水比$w_R>1$）ため，建設工事などが粘土層を乱すと液体状となり，大きく強度低下する。**図-5.23**にMa13層の平均N値の分布を示す。鋭敏性が高い粘土では標準貫入試験のサンプラー貫入による練返し効果でN値がごく小さくなることが一般的であり，**図-5.23**に示すN値=0（自沈）〜1の範囲が鋭敏粘土といえる。さらに，鋭敏粘土を平均N値=0となる層厚分布で示したのが**図-5.24**である。鋭敏粘土の分布域がより明確に示されており，ほとんどが古大阪川（現在の淀川に相当）の影響の少ない地域に分布している。この鋭敏粘土が分布する地域は海域と直結することが少ない内陸部のMa13層に見られる傾向で，堆積時に海水環境（塩分濃度が高い）にあった粘土が河川による淡水の流入によって塩分が溶脱されて（leachingという），特徴的な鋭敏性の高い粘土が形成されたと考えられている。

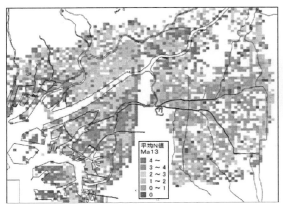 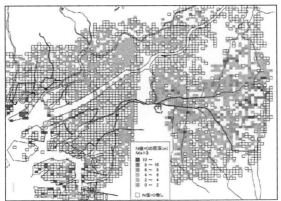

図-5.23 Ma13層の平均N値の分布[1]　　図-5.24 平均N値=0となる鋭敏粘土の層厚分布[1]

5.2.5 上町台地の地盤の特徴[3]

上町台地には，軟弱な沖積層が堆積せず，砂礫層主体の比較的強度が高い安定した地層が分布し，西大阪，東大阪地域の平野部に比べて古い海成粘土が浅い標高で分布することが特徴である。これは明らかに上町断層の影響で，上町台地は堆積時から隆起を繰り返して形成されたと考えられている。ただし，上町台地の西側は海進時の波食によって台地が削り取られていることがわかっている。また，上町断層から西側に波及する活構造として，桜川撓曲と住之江撓曲が存在している。

5.3 地盤情報
5.3.1 地図情報の取り方

地盤情報を得るための第一ステップとして，地図情報を集めることが重要である。これは 4.1.2 の**資料調査**に該当する。地図情報としては以下のものが有用である。

(1) **地理院地図**（国土地理院）：http://maps.gsi.go.jp/ [10]

「地理院地図」で WEB 検索。**図-5.25** にホームページ画面を示す。左上のメニューから様々な地図情報を重ね合わせて見ることができる（以前は有料の紙版であったが，現在は WEB 上で可能）。

- <u>年代別の写真</u>：1928 年以降の任意の地域の年代別の空中写真
- <u>標高・土地の凹凸</u>：色別標高図，自分で作る色別標高図，デジタル標高地図，陰影起伏図，アナグラフ，赤色立体地図など，特に「自分で作る識別標高図」は便利なので，試してほしい。
- <u>土地のなり立ち・土地利用</u>：活断層図，火山基本図，土地条件図，治水地形分類図，地質図など，特に「土地条件図」では 1/25,000 の数値地図によって微地形（**表-5.2** 参照）分布を見ることができる。
- <u>近年の災害</u>：地震，台風・豪雨，火山の災害写真等を見ることができる。

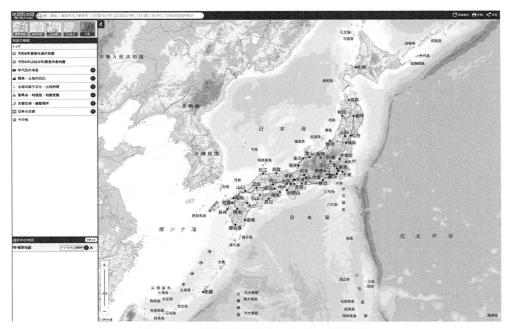

図-5.25 地理院地図のホームページ画面 [10]

(2) **今昔マップ** on the web：https://ktgis.net/kjmapw/ [11]

「今昔（こんじゃく）マップ」で WEB 検索。埼玉大学教育学部の谷謙二教授（2022 年に逝去）が作成し，WEB 公開しているもの。**図-5.26** にホームページ画面を示す。全国 59 地域について明治期以降の新旧の地形図を切り替えながら表示できます。収録した旧版地形図は、4,847 枚にのぼる。これは 1890 年代から現在までの新旧の地形図を 2 画面または 4 画面を並べて，土地利用の変遷を見ることができ，非常に便利な地図情報である。例として，**図-5.27** に京阪神圏を選んだ梅田周辺の 2 画面を示す。

さらに，「今昔マップ3」は Windows 上で動作する新旧地形図を切り替えながら表示するソフトウェアもあり，http://ktgis.net/kjmap/からダウンロードできる。

第 5 章　地形・地質と地盤情報

図-5.26　今昔マップのホームページ画面[11]

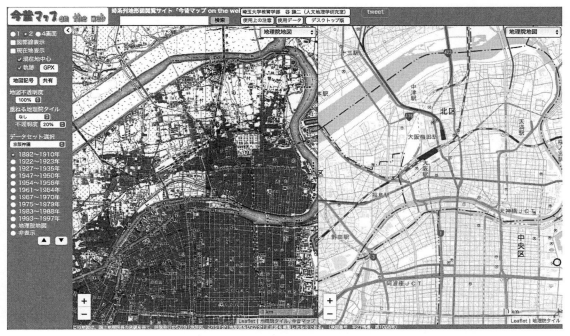

図-5.27　今昔マップの京阪神圏を選んだ梅田周辺の2画面[11]

(3) Google Map, Google Earth

　Google Map, Google Earth で任意の位置の地図，航空写真（3D 表示も可能），および Street View により道路沿いの建物の状態を過去に遡って見ることができる。特に，地震や豪雨災害が起きた時など，災害前の状態を見ることができるので，被害状況を確認することができる便利なツールである。図-5.28，図-5.29 にそれぞれ Google Map, Google Earth での大阪市天王寺界隈の航空写真を示す。

　　図-5.28　大阪市天王寺界隈の Google Map　　　　　　図-5.29　大阪市天王寺界隈の Google Earth

(4) ハザードマップポータルサイト（国土地理院）: https://disaportal.gsi.go.jp

　「ハザードマップ」で WEB 検索。ハザードマップポータルサイトは，身のまわりの災害リスクを調べる「重ねるハザードマップ」と地域のハザードマップを閲覧する「わがまちハザードマップ」からなっている。図-5.30 に重ねるハザードマップでの大阪，奈良地域の土砂災害（急傾斜地の崩壊，土石流，地すべり）警戒区域を示す。他にも左上のメニューから，洪水・内水，高潮，津波，道路防災情報，地形分類の災害種別を選択して災害危険地域を示すことができる。特に，地形分類から，先の地理院地図の情報に加えて，大規模盛土造成地分布，液状化発生傾向図なども示されている。

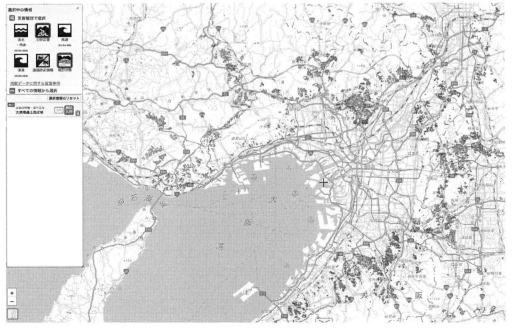

図-5.30　重ねるハザードマップによる土砂災害警戒地域 [12]

-102-

5.3.2 地盤情報の取り方

地盤情報を集めたデータベースには，日本全国の国管理の情報を集約した「KuniJiban」および地域ごとに集約したものがある。ここで，代表的な KuniJiban，関西圏地盤情報データベース，およびそれを基にして作られた「関西圏地盤情報ライブラリー」を以下に紹介する。

(1) 国土地盤情報検索サイト KuniJiban：http://www.kunijiban.pwri.go.jp [13]

KuniJiban は国土交通省，土木研究所，港湾空港技術研究所が共同で運営し，土木研究所が管理しているサイトである。国土交通省の道路・河川・港湾事業等の地質・土質調査成果であるボーリング柱状図や土質試験結果等の地盤情報を WEB 上で検索して閲覧することができる。日本全国で約 202,500 本のボーリング柱状図，土質試験結果一覧表，土性図等を公開している。図-5.31 に KuniJiban における大阪地域のボーリング地点を示す。赤丸をクリックするとボーリング柱状図を見ることができる。

図-5.31　KuniJiban における大阪地域のボーリング地点 [13]

(2) 関西圏地盤情報データベース（KG-NET）https://www.kg-net2005.jp/index/db01.html [14]

関西圏では古くより地盤情報の集積が行われてきた。1966 年には 3,461 本のボーリング柱状図を掲載した大阪地盤図が出版され，その後，神戸の地盤（1980），京都地盤資料集（1986），新編大阪地盤図（1987）といったボーリング柱状図集の地盤図が発刊された。この流れを引き継ぐように 2 つの大きな地盤情報データベースが構築された。一つは大阪湾を中心とした地盤研究を目的とした「大阪湾地盤情報データベース」，もう一つは陸域（大阪平野，神戸・阪神間および京都盆地）の地下空間の地盤研究を目的とした「関西地盤調査情報データベース」であった。これらの 2 つのデータベースは 2003 年より一体化され，現在の「関西圏地盤情報データベース」に統合された。これを用いて，これまでに 2007 年に大阪平野から大阪湾，2011 年に和歌山平野，2014 年に近江盆地，2018 年に奈良盆地，2021 年に京都南部地域を対象に「新関西地盤」シリーズとして地盤研究成果が書籍として刊行されてきた。

図-5.32 に関西圏地盤情報データベースのボーリング地点と本数を示す。関西地方の 69,570 本に四国地方 21,500 本を加えて，2023 年時点で 91,070 本のボーリンデータ（土質試験データを含む）を集約している。本データベースの利用は会員制であるが，Windows 版ソフトで提供され，以下の機能がある。

・地図上でボーリングを選択する機能
・ボーリング柱状図を並べ，断面図を作成する機能（図-5.33 参照）
・ある地層範囲を指定して土質試験データを抽出する機能
・抽出データを深度分布図や相関図に加工する機能

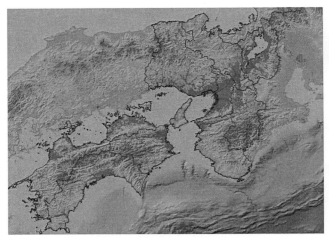

現在のボーリング本数
（91,070本）

地域	本数
大阪府	24,400
京都府	10,400
兵庫県	16,300
奈良県	6,400
和歌山県	2,300
滋賀県	9,500
福井県	270
四国地方	21,500

〔2023.時点，一部重複〕

図-5.32 関西圏地盤情報データベースのボーリング地点と本数 [14]

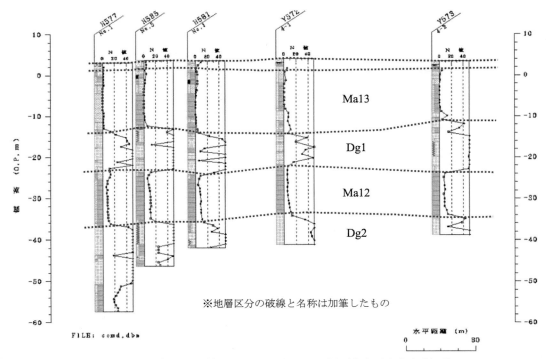

図-5.33 ボーリング柱状図による断面図の例（東大阪市荒本北）[14]

-104-

(3) 関西圏地盤情報ライブラリー（KG-NET）：https://kg-net2005.jp/GEOLIBRARY/topindex.html [15)]

図-5.34に関西圏地盤情報ライブラリーのホーム画面を示す。これは沖積層を対象として，(2)の関西圏地盤情報データベースと基準ボーリングを基にして作成されたもので，以下の内容がWEB公開されている。

① <u>250mメッシュ沖積層地盤モデル</u>：大阪・神戸地域の沖積層の土質特性をモデル化したもの[16)]。
② <u>研究地盤情報</u>：基準ボーリングの土質特性，地層断面図，地区ごとの土質特性（Ma13，Ma12層）

250mメッシュ沖積層地盤モデルは，沖積層は1mごとにモデル化し，N値，γ_{t2}（地下水位以下の単位体積重量 kN/m^3），γ_{t1}（地下水位より上の単位体積重量 kN/m^3），細粒分含有率F_cをモデル化している。沖積粘土層は層厚を20等分して14種類の物理，強度，圧密特性値をモデル化している。

図-5.34 関西圏地盤情報ライブラリーのホーム画面 [15)]

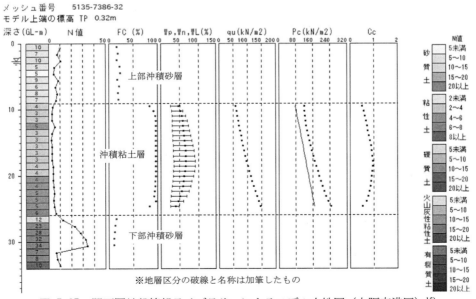

図-5.35 関西圏地盤情報ライブラリーによるモデル土性図（大阪市港区）[15)]

-105-

図-5.34 の任意のメッシュをクリックすると，そのメッシュのモデル土性図（図-5.35 参照，土質ごとに色を変え，色の濃さが N 値の大きさを表す）が表示され，さらに土性図をクリックすると沖積層と沖積粘土層の土質特性のテキストファイル（csv ファイル）がダウンロードされる（図-5.36 参照）。これを用いれば，沖積砂層の液状化予測計算，沖積粘土層の圧密沈下計算が可能となるので，ぜひ試してほしい。

メッシュコ·5135-7386- 座標系　　　日本測地系(Tokyo Datum)
標高(TPm)　　0.32
地下水位(Gl　　2.63
対象層　　沖積層

土質コード	上端深度(-π	下端深度(-π	N値	γ_{t2}(kN/m³)	γ_{t1}(kN/m³)	FC(%)
S	0	1	10.0	18.62	17.64	16.8
S	1	2	7.3	18.72	17.74	19.0
S	2	3	10.3	19.01	18.03	16.7
S	3	4	5.0	18.52	17.54	21.9
S	4	5	4.5	18.23	17.25	22.8
S	5	6	8.5	18.23	17.25	17.9
S	6	7	5.8	18.23	17.25	20.8
S	7	8	7.5	18.23	17.25	18.8
S	8	9	6.7	18.33	17.35	19.6
C	9	10	3.5	15.88	14.90	95.0
C	10	11	2.8	15.68	14.70	95.0
C	11	12	2.8	15.68	14.70	95.0
C	12	13	5.3	15.78	14.80	95.0
C	13	14	2.8	15.68	14.70	95.0
C	14	15	2.7	15.68	14.70	95.0
C	15	16	3.0	15.68	14.70	95.0
C	16	17	3.0	15.68	14.70	95.0
C	17	18	3.2	15.68	14.70	95.0
C	18	19	3.8	15.68	14.70	95.0
C	19	20	3.8	15.68	14.70	95.0
C	20	21	4.0	15.68	14.70	95.0
C	21	22	4.4	15.68	14.70	95.0
C	22	23	4.8	15.68	14.70	95.0
C	23	24	4.6	15.68	14.70	95.0
C	24	25	4.8	15.78	14.80	95.0
C	25	26	6.3	16.27	15.29	95.0
S	26	27	12.3	17.74	16.76	15.6
S	27	28	23.0	17.93	16.95	12.2
S	28	29	28.2	18.52	17.54	11.3
S	29	30	32.4	18.62	17.64	10.7
S	30	31	34.2	18.62	17.64	10.5
C	31	32	6.6	15.78	14.80	95.0
C	32	33	7.5	15.88	14.90	95.0
C	33	34.05	10.1	15.97	14.99	95.0

・沖積層の 1 m ごとの N 値，　$\gamma_{t2}\,(\gamma_{sat})$，　$\gamma_{t1}\,(\gamma_t)$，　F_c

* 沖積層データ終わり
*
* Ma13層地盤特性データ

・沖積粘土 Ma13 層の層厚を 20 等分した 14 種類の物理，強度，圧密特性値

モデル上端	正規化深度	深度(-m)	clay(%)	Fc(%)	wn(%)	wL(%)	wp(%)	IL	qu(kN/m²)	qur(kN/m²)	St	pc(kN/m2)	Cc	cv(cm²/day)	p0(kN/m²)	OCR
0.32	0	9.49	34.0	83.8	47.1	52.5	26.3	0.69	58.8	6.7	13.5	120.0	0.51	1006.6	77.9	1.49
0.32	0.05	10.25	40.3	92.0	53.7	60.4	28.6	0.72	61.4	7.0	10.0	121.1	0.57	472.3	81.4	1.42
0.32	0.1	11.00	44.2	95.4	57.3	67.2	29.9	0.71	64.2	7.4	8.8	122.8	0.62	286.0	85.6	1.36
0.32	0.15	11.76	47.0	96.4	59.0	71.9	30.5	0.68	67.2	7.9	8.3	125.3	0.67	189.3	90.3	1.31
0.32	0.2	12.51	49.0	96.5	60.0	75.2	30.7	0.66	70.4	8.6	8.1	128.6	0.71	124.4	95.2	1.26
0.32	0.25	13.27	50.6	96.4	61.0	77.9	31.0	0.64	73.7	9.4	7.9	132.7	0.74	82.8	100.0	1.23
0.32	0.3	14.02	51.8	96.4	62.4	80.7	31.5	0.63	77.1	10.2	7.7	137.5	0.78	59.1	104.7	1.20
0.32	0.35	14.78	52.9	96.4	64.0	83.8	32.3	0.62	80.7	11.0	7.5	142.9	0.83	46.4	109.3	1.18
0.32	0.4	15.53	53.7	96.5	65.8	87.1	33.1	0.62	84.5	11.8	7.4	148.8	0.87	39.7	113.8	1.17
0.32	0.45	16.29	54.3	96.6	67.2	90.1	33.8	0.61	88.5	12.5	7.3	155.2	0.91	36.3	118.3	1.17
0.32	0.5	17.05	54.7	96.7	68.0	92.4	34.4	0.60	92.6	13.1	7.3	161.9	0.94	34.6	122.7	1.16
0.32	0.55	17.80	54.9	96.8	67.9	93.5	34.6	0.59	97.0	13.6	7.3	168.8	0.95	33.7	127.1	1.17
0.32	0.6	18.56	55.1	96.8	67.0	93.1	34.4	0.57	101.5	14.0	7.5	175.8	0.95	33.6	131.5	1.17
0.32	0.65	19.31	55.1	96.7	65.4	91.4	34.0	0.55	106.2	14.3	7.6	182.9	0.94	34.3	136.0	1.18
0.32	0.7	20.07	54.9	96.4	63.5	88.5	33.2	0.53	111.1	14.5	7.9	190.2	0.91	36.7	140.5	1.19
0.32	0.75	20.82	54.4	95.9	61.4	84.8	32.2	0.52	116.3	14.6	8.2	197.5	0.88	41.3	144.9	1.21
0.32	0.8	21.58	53.4	95.2	59.2	80.6	31.0	0.51	121.8	14.6	8.6	205.2	0.85	49.4	149.4	1.22
0.32	0.85	22.33	51.4	94.3	56.5	75.8	29.5	0.51	127.5	14.5	9.1	213.3	0.81	65.8	153.8	1.25
0.32	0.9	23.09	47.8	92.7	52.5	69.9	27.8	0.50	133.6	14.4	9.6	222.4	0.76	111.8	158.2	1.28
0.32	0.95	23.84	42.0	97.0	46.7	61.9	26.2	0.49	140.0	14.0	10.3	232.7	0.68	296.5	162.6	1.32
0.32	1	24.60	32.9	85.8	39.9	49.7	25.3	0.52	146.7	13.3	11.2	245.1	0.52	1458.9	167.2	1.37

図-5.36　モデル土性図から出力したデジタルデータの例（大阪市港区） [15]

-106-

総合演習問題 5.1　以下の内容・用語を説明せよ
　1）主働土圧，受働土圧，静止土圧
　2）ランキン土圧とクーロン土圧の相違
　3）土留め（土留め壁，切ばり，腹起こし）
　4）浅い基礎と深い基礎
　5）杭のネガティブフリクション
　6）地盤改良工法の原理
　7）予圧密工法（プレロード工法）
　8）鉛直排水工法（バーチカルドレーン工法）
　9）サンドコンパクション工法（SCP工法）
　10）深層混合処理工法
　11）サウンディング
　12）標準貫入試験と N 値
　13）自然堤防と後背湿地

総合演習問題 5.2
図-1 のような2層の砂質地盤を支える擁壁がある。擁壁に作用する主働全土圧と作用点高さを求めよ。ただし，地下水位はない。

総合演習問題 5.3
図-2 のような砂質地盤を支えるコンクリート製L型擁壁がある。①滑動と②転倒の安全率 1.5 を満足させるのに必要な根入れ H_p を求めよ。ただし，土圧はランキンで求め，擁壁底面の摩擦角 δ を 15° とする。

総合演習問題 5.4
図-3 のような地盤に正方形コンクリート基礎（上部構造物荷重 Q=400tf と自重が地盤にかかる）が設置される。安全率 3 を見込んで許容支持力を満足させるのに必要な基礎の根入れ D_f を求めよ。ただし，地下水位は不動（GL-2m）とする。極限支持力は建築基礎構造設計指針（ϕ_d=34° の支持力係数 N_c=42.2, N_q=29.4, N_γ=31.1）に基づいて求めよ。

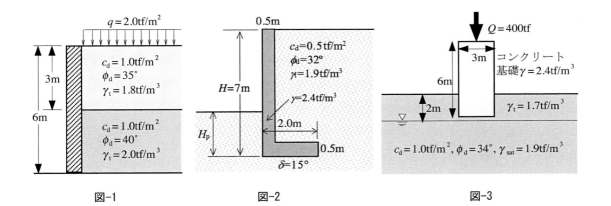

図-1　　　　　図-2　　　　　図-3

引用文献

1) KG-NET・関西圏地盤研究会：新関西地盤〜大阪平野から大阪湾〜：口絵，2007.

2) 池田俊雄：わかりやすい地盤地質学，鹿島出版会，1986.

3) KG-NET・関西圏地盤研究会：新関西地盤〜大阪平野から大阪湾〜，pp.27-58，2007.

4) 日本材料学会：実務者のための戸建住宅の地盤改良・補強工法〜考え方と適用まで〜，オーム社，p.42，2010.

5) KG-NET・関西圏地盤研究会：新関西地盤〜大阪平野から大阪湾〜，pp.15-26，2007.

6) 土質工学会関西支部・関西地質調査業協会：新編大阪地盤図，コロナ社，1987.

7) 藤田和夫：大阪地盤の地殻変動，「応用地質学の最近の進歩」日本応用地質学会関西支部，pp.143-152，1982.

8) 日本建築学会近畿支部・土質工学会関西支部：大阪地盤図，コロナ社，1966.

9) 趙哲済・松田順一郎：河内平野の古地理図，日本第四紀学会 2003 年大阪大会の普及講演会資料集「大阪 100 万年の自然と人のくらし」，2003.

10) 国土交通省国土地理院：地理院地図，http://maps.gsi.go.jp/（最終閲覧 2024/7/20）

11) 谷謙二：今昔マップ，https://ktgis.net/kjmapw/（最終閲覧 2024/7/20）

12) 国土交通省：ハザードマップポータルサイト，https://disaportal.gsi.go.jp（最終閲覧 2024/7/20）

13) 国土交通省・土木研究所・港湾空港技術研究所：KuniJiban，http://www.kunijiban.pwri.go.jp（最終閲覧 2024/7/20）

14) KG-NET：関西圏地盤情報データベース，https://www.kg-net2005.jp/index/db01.html（最終閲覧 2024/7/20）

15) KG-NET：関西圏地盤情報ライブラリー，https://kg-net2005.jp/GEOLIBRARY/topindex.html（最終閲覧 2024/7/20）

16) 春日井麻里・大島昭彦：大阪・神戸地域における 250m メッシュ浅層地盤モデルの構築，地盤工学ジャーナル，Vol.16，No.3, 257-273，2021.

例題の解答

例題 1.1

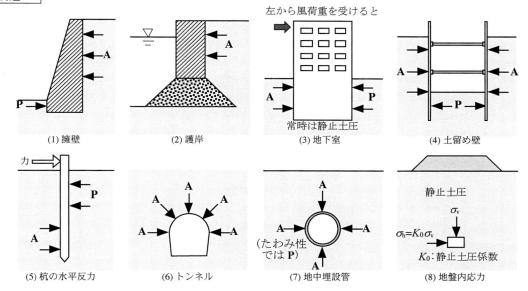

(1) 擁壁　(2) 護岸　(3) 地下室（常時は静止土圧）　(4) 土留め壁
(5) 杭の水平反力　(6) トンネル　(7) 地中埋設管（たわみ性ではP）　(8) 地盤内応力

例題 1.2

$$\frac{1-\sin\phi}{1+\sin\phi} = \frac{1-2\sin\frac{\phi}{2}\cos\frac{\phi}{2}}{1+2\sin\frac{\phi}{2}\cos\frac{\phi}{2}} = \frac{\cos^2\frac{\phi}{2}-2\sin\frac{\phi}{2}\cos\frac{\phi}{2}+\sin^2\frac{\phi}{2}}{\sin^2\frac{\phi}{2}+2\sin\frac{\phi}{2}\cos\frac{\phi}{2}+\cos^2\frac{\phi}{2}} = \left(\frac{\cos\frac{\phi}{2}-\sin\frac{\phi}{2}}{\sin\frac{\phi}{2}+\cos\frac{\phi}{2}}\right)^2 = \left(\frac{\sin 45°\cos\frac{\phi}{2}-\cos 45°\sin\frac{\phi}{2}}{\cos 45°\cos\frac{\phi}{2}+\sin 45°\sin\frac{\phi}{2}}\right)^2$$

$$=\left\{\frac{\sin\left(45°-\frac{\phi}{2}\right)}{\cos\left(45°-\frac{\phi}{2}\right)}\right\}^2 = \tan^2\left(45°-\frac{\phi}{2}\right)$$

$$\frac{\cos\phi}{1+\sin\phi} = \frac{\cos^2\frac{\phi}{2}-\sin^2\frac{\phi}{2}}{1+2\sin\frac{\phi}{2}\cos\frac{\phi}{2}} = \frac{\left(\cos\frac{\phi}{2}+\sin\frac{\phi}{2}\right)\left(\cos\frac{\phi}{2}-\sin\frac{\phi}{2}\right)}{\left(\sin\frac{\phi}{2}+\cos\frac{\phi}{2}\right)^2} = \frac{\cos\frac{\phi}{2}-\sin\frac{\phi}{2}}{\sin\frac{\phi}{2}+\cos\frac{\phi}{2}} = \frac{\sin\left(45°-\frac{\phi}{2}\right)}{\cos\left(45°-\frac{\phi}{2}\right)} = \tan\left(45°-\frac{\phi}{2}\right)$$

例題 1.3

$q\neq 0$, $c\neq 0$ の主働土圧の場合は，$qK_a - 2c\sqrt{K_a}$ の正負をまず確認する。

$$K_a = \tan^2\left(45°-\frac{30}{2}\right) = \frac{1}{3}, \quad \sqrt{K_a} = 0.577$$

$$qK_a - 2c\sqrt{K_a} = 5\times 1/3 - 2\times 1\times 0.577 = 0.513 > 0$$

よって，主働土圧の分布は右図のように四角形部と三角形部からなる。
主働全土圧 P_a は，式(1.16)より，

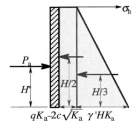

$$P_a = \frac{1}{2}\gamma H^2 K_a + \left(qHK_a - 2cH\sqrt{K_a}\right)$$

$$= \frac{1}{2}\times 1.8\times 6^2\times\frac{1}{3} + \left(5\times 6\times\frac{1}{3} - 2\times 1\times 6\times 0.577\right) = 10.8 + 3.1 = 13.9\,\text{tf/m}$$

四角形部と三角形部の全土圧の作用点高さは，擁壁下端から，次のようになる。

　　四角形部：$H/2 = 3\,\text{m}$
　　三角形部：$H/3 = 2\,\text{m}$

よって，主働全土圧 P_a の擁壁下端からの作用点高さを H^* とすると，モーメントの釣り合いより，

$$13.9\times H^* = 3.1\times 3 + 10.8\times 2 = 30.9 \quad \therefore H^* = 30.69/13.9 = 2.22\,\text{m}$$

例題 1.4

主働土圧と水圧の分布は右図のようになる。
したがって，主働全土圧 P_a と全水圧 P_w は，$K_a=\tan^2(45°-30°/2)=1/3$ より，

$$P_a = \left(\frac{1}{2}\gamma'H^2+qH\right)K_a = \frac{1}{2}\times 1\times 6^2\times\frac{1}{3}+2\times 6\times\frac{1}{3}=6+4=10\text{tf/m}$$

$$P_w = \frac{1}{2}\gamma_w H^2 = \frac{1}{2}\times 1\times 6^2 = 18\text{tf/m}$$

よって，合力 $P=28$tf/m
土圧，水圧の作用点高さは，擁壁下端から，次のようになる。
　　土圧 qHK_a：$H/2=3$m
　　土圧 $1/2\gamma'H^2K_a$，水圧 $1/2\gamma_w H^2$：$H/3=2$m
よって，合力 P の擁壁下端からの作用点高さを H^* とすると，モーメントの釣り合いより，

$$28\times H^* = 4\times 3+(6+18)\times 2 = 60$$

$$\therefore H^* = 60/28 = 2.14\text{ m}$$

例題 1.5

(1) 2 層の主働土圧係数は式(1.9)より，

$$K_{a1} = \tan^2\left(45°-\frac{30}{2}\right)=\frac{1}{3}, \quad K_{a2} = \tan^2\left(45°-\frac{35}{2}\right)=0.271$$

よって，主働土圧は右図のような分布となり，各深さの値は，
　上層の 2m：$\sigma_{ha12} = \gamma_{t1}H_1 K_{a1} = 1.8\times 2\times 1/3 = 1.20$tf/m^2
　下層の 2m：$\sigma_{ha22} = \gamma_{t1}H_1 K_{a2} = 1.8\times 2\times 0.271 = 0.98$tf/m^2
　下層の 6m：$\sigma_{ha26} = (\gamma_{t1}H_1+\gamma_{t2}H_2)K_{a2} = (1.8\times 2+1.9\times 4)\times 0.271 = 3.04$tf/m^2

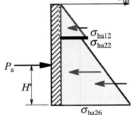

よって主働全土圧 P_a は，

$$P_a = \frac{1}{2}\sigma_{ha12}H_1+\sigma_{ha22}H_2+\frac{1}{2}(\sigma_{ha26}-\sigma_{ha22})H_2 = 1.20+3.92+4.12 = 9.24\text{tf/m}$$

次に，P_a の擁壁下端からの作用点高さを H^* とすると，モーメントの釣り合いより，

$$P_a\times H^* = \left(\frac{1}{2}\sigma_{ha12}H_1\right)\times\left(H_2+\frac{H_1}{3}\right)+(\sigma_{ha22}H_2)\times\frac{H_2}{2}+\left\{\frac{1}{2}(\sigma_{ha26}-\sigma_{ha22})H_2\right\}\times\frac{H_2}{3}$$

$$9.24\times H^* = \left(\frac{1}{2}\times 1.2\times 2\right)\times 4.67+(0.98\times 4)\times 2+\left(\frac{1}{2}\times 2.06\times 4\right)\times 1.33 = 18.92$$

$$\therefore H^* = 18.92/9.24 = 2.05\text{m}$$

(2) 2 層の受働土圧係数は式(1.10)より，

$$K_{a1} = \tan^2\left(45°+\frac{30}{2}\right)=3, \quad K_{a2} = \tan^2\left(45°+\frac{35}{2}\right)=3.69$$

　上層の 2m：$\sigma_{hp12} = \gamma_{t1}H_1 K_{p1} = 1.8\times 2\times 3 = 10.80$tf/m^2
　下層の 2m：$\sigma_{hp22} = \gamma_{t1}H_1 K_{p2} = 1.8\times 2\times 3.69 = 13.28$tf/m^2
　下層の 6m：$\sigma_{hp26} = (\gamma_{t1}H_1+\gamma_{t2}H_2)K_{p2} = (1.8\times 2+1.9\times 4)\times 3.69 = 41.33$tf/m^2

よって，受働全土圧 $P_p = \frac{1}{2}\sigma_{hp11}H_1+\sigma_{hp21}H_2+\frac{1}{2}(\sigma_{hp22}-\sigma_{ha21})H_2 = 10.8+53.1+56.1 = 120.0$tf/m

同様に擁壁下端からのモーメントの釣り合いより，P_p の擁壁下端からの作用点高さ H^* は，

$$H^* = \left(\frac{1}{2}\sigma_{hp12}H_1\right)\times\left(H_2+\frac{H_1}{3}\right)+(\sigma_{hp22}H_2)\times\frac{H_2}{2}+\left\{\frac{1}{2}(\sigma_{hp26}-\sigma_{hp22})H_2\right\}\times\frac{H_2}{3}\Big/P_a = \frac{231.5}{120.0} = 1.93\text{m}$$

例題 1.6

主働全土圧は式(1.20)より，

$$P_a = \int_0^H (\sigma_v-2c)dz = \frac{1}{2}\gamma_t H^2 - 2c_u H$$

となるが，この場合には粘土地盤上部の自立高さ z_c（式(1.22)参照）

$$z_c = \frac{2c}{\gamma} = \frac{2\times 2}{1.6} = 2.5\text{m}$$

まで土圧は働かない（負の土圧，すなわち引張り力は期待しない），したがって，

$$P_a = \frac{1}{2}\gamma_t(H-z_c)^2 = \frac{1}{2}\times 1.6\times(6-2.5)^2 = 9.8\text{tf/m}^2$$

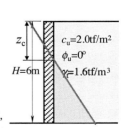

-110-

例題の解答

例題 1.7

式(1.25)の主働土圧係数で，$\alpha=0$，$\beta=0$，$\delta=0$ とおけば，

$$K_a = \frac{\cos^2\phi}{\left\{1+\sqrt{\dfrac{\sin\phi\sin\phi}{1}}\right\}^2} = \frac{\cos^2\phi}{(1+\sin\phi)^2} = \frac{1-\sin^2\phi}{(1+\sin\phi)^2} = \frac{(1+\sin\phi)(1-\sin\phi)}{(1+\sin\phi)^2} = \frac{1-\sin\phi}{1+\sin\phi}$$

式(1.26)の受働土圧係数も同様に誘導できる。

例題 1.8

(1) 式(1.25)から主働土圧係数 K_a は，

$$K_a = \frac{\cos^2 20°}{\cos^2 10° \cos 25°\left\{1+\sqrt{\dfrac{\sin 45°\sin 15°}{\cos 25°\cos(-5°)}}\right\}^2} = 0.478$$

したがって，主働全土圧 P_a は，$P_a = \dfrac{1}{2}\gamma_t H^2 K_a = \dfrac{1}{2}\times 1.7 \times 6^2 \times 0.478 = 14.6\,\text{tf/m}$

作用点高さは，当然擁壁底面から $H/3=2\text{m}$ 位置となる。

(2) 式(1.26)から受働土圧係数 K_p は，

$$K_p = \frac{\cos^2 40°}{\cos^2 10° \cos 25°\left\{1-\sqrt{\dfrac{\sin 15°\sin 45°}{\cos 25°\cos(-5°)}}\right\}^2} = 2.21$$

したがって，受働全土圧 P_p は，$P_p = \dfrac{1}{2}\gamma_t H^2 K_p = \dfrac{1}{2}\times 1.7 \times 6^2 \times 2.21 = 67.6\,\text{tf/m}$

作用点高さは，当然擁壁底面から $H/3=2\text{m}$ 位置となる。

例題 1.9

(1) 式(1.9)，(1.10)より Rankin の主働，受働土圧係数は，

$$K_a = \tan^2\left(45° - \frac{35}{2}\right) = 0.271, \quad K_p = \tan^2\left(45° + \frac{35}{2}\right) = 3.69$$

(2) 式(1.25)，(1.26)より Coulomb の主働，受働土圧係数は，

$$\delta=5°:\ K_a = \frac{\cos^2 35°}{\cos 5°\left\{1+\sqrt{\dfrac{\sin 40°\sin 35°}{\cos 5°}}\right\}^2} = 0.260, \quad K_p = \frac{\cos^2 35°}{\cos 5°\left\{1+\sqrt{\dfrac{\sin 30°\sin 35°}{\cos 5°}}\right\}^2} = 3.14$$

$$\delta=10°:\ K_a = \frac{\cos^2 35°}{\cos 10°\left\{1+\sqrt{\dfrac{\sin 45°\sin 35°}{\cos 10°}}\right\}^2} = 0.253, \quad K_p = \frac{\cos^2 35°}{\cos 10°\left\{1+\sqrt{\dfrac{\sin 25°\sin 35°}{\cos 10°}}\right\}^2} = 2.70$$

$$\delta=15°:\ K_a = \frac{\cos^2 35°}{\cos 15°\left\{1+\sqrt{\dfrac{\sin 50°\sin 35°}{\cos 15°}}\right\}^2} = 0.248, \quad K_p = \frac{\cos^2 35°}{\cos 15°\left\{1+\sqrt{\dfrac{\sin 20°\sin 35°}{\cos 15°}}\right\}^2} = 2.31$$

(3) δ が大きくなるほど土圧係数は小さくなるが，主働よりも受働の方が δ の影響が大きい。

例題 2.1

(1) 式(3.5)〜(3.7)から，$\phi_d=30°$ の支持力係数は（全般せん断破壊を想定），

$$N_q = \exp(\pi\tan 30°)\tan^2\left(45° + \frac{30°}{2}\right) = 6.13 \times 3 = 18.4$$

$$N_c = (18.4-1)\cot 30° = 30.1$$

$$N_\gamma = (18.4-1)\tan(1.4 \times 30°) = 15.7$$

よって，極限支持力は，

$$q_f = cN_c + qN_q + \frac{1}{2}\gamma_1 BN_\gamma$$

$$= 1 \times 30.1 + 1.8 \times 1 \times 18.4 + \frac{1}{2}\times 1.8 \times 2 \times 15.7 = 30.1 + 33.1 + 28.3 = 91.5\,\text{tf/m}^2$$

-111-

(2) 式(3.5)〜(3.7)から，$\phi_d=0°$では$N_c=5.14$，$N_q=1$，$N_\gamma=0$ となるので，

$$q_f = cN_c + qN_q + \frac{1}{2}\gamma_1 B N_\gamma$$
$$= 5 \times 5.14 + 1.6 \times 1 \times 1 = 25.7 + 1.6 = 27.3\text{tf/m}^2$$

(3) 砂質地盤では，(1)の支持力係数を用いて，

$$q_f = cN_c + qN_q + \frac{1}{2}\gamma_1 B N_\gamma$$
$$= 1 \times 30.1 + 1.8 \times 1 \times 18.4 + \frac{1}{2} \times 0.8 \times 2 \times 15.7 = 30.1 + 33.1 + 12.7 = 75.9\text{tf/m}^2$$

粘土地盤では，$N_\gamma=0$ であるので，q_fは同じ。

例題 2.2

表-3.1 から$\phi_d=35°$の支持力係数は，$N_c=46.1$，$N_q=33.3$，$N_\gamma=38.2$ となる（両基準で同じ）。

＜建築基礎構造設計指針＞

$$q_f = \alpha c N_c + \gamma_2 D_f N_q + \beta \gamma_1 B \eta N_\gamma,$$

(1) 帯状基礎：$\alpha=1.0$，$\beta=0.5$であるから，

$$q_f = 1.0 \times 0.5 \times 46.1 + 1.8 \times 1 \times 33.3 + 0.5 \times 1.0 \times 2 \times 0.794 \times 38.2 = 23.1 + 59.9 + 30.3 = 113.3\text{tf/m}^2$$

(2) 円形（正方形）基礎：$\alpha=1.2$，$\beta=0.3$であるから，

$$q_f = 1.2 \times 0.5 \times 46.1 + 1.8 \times 1 \times 33.3 + 0.3 \times 1.0 \times 2 \times 0.794 \times 38.2 = 27.7 + 59.9 + 18.2 = 105.8\text{tf/m}^2$$

(3) 長方形基礎：$\alpha=1.0+0.2(2/3)=1.13$，$\beta=0.5-0.2(2/3)=0.37$であるから，

$$q_f = 1.13 \times 0.5 \times 46.1 + 1.8 \times 1 \times 33.3 + 0.37 \times 1.0 \times 2 \times 0.794 \times 38.2 = 26.0 + 59.9 + 22.4 = 108.3\text{tf/m}^2$$

＜道路橋示方書＞

$$q_f = \alpha \kappa c N_c S_c + \kappa \gamma_2 D_f N_q S_q + \frac{1}{2}\beta \gamma_1 B N_\gamma S_\gamma,$$

$$S_c = (c/c_0)^{-1/3} = (0.5/1)^{-1/3} = 1.26, \quad S_q = (q/q_0)^{-1/3} = (1.8/1)^{-1/3} = 0.822, \quad S_\gamma = (B/B_0)^{-1/3} = (2/1)^{-1/3} = 0.794$$

(1) 帯状基礎：$\alpha=1.0$，$\beta=1.0$であるから，

$$q_f = 1.0 \cdot 1.15 \cdot 0.5 \cdot 46.1 \cdot 1.26 + 1.15 \cdot 1.8 \cdot 33.3 \cdot 0.822 + 0.5 \cdot 1.0 \cdot 1.0 \cdot 2 \cdot 38.2 \cdot 0.794 = 33.4 + 56.7 + 30.3 = 120.4\text{tf/m}^2$$

(2) 円形（正方形）基礎：$\alpha=1.3$，$\beta=0.6$であるから，

$$q_f = 1.3 \cdot 1.15 \cdot 0.5 \cdot 46.1 \cdot 1.26 + 1.15 \cdot 1.8 \cdot 33.3 \cdot 0.822 + 0.5 \cdot 0.6 \cdot 1.0 \cdot 2 \cdot 38.2 \cdot 0.794 = 43.4 + 56.7 + 18.2 = 118.3\text{tf/m}^2$$

(3) 長方形基礎：$\alpha=1.0+0.3(2/3)=1.2$，$\beta=1.0-0.4(2/3)=0.73$であるから，

$$q_f = 1.2 \cdot 1.15 \cdot 0.5 \cdot 46.1 \cdot 1.26 + 1.15 \cdot 1.8 \cdot 33.3 \cdot 0.822 + 0.5 \cdot 0.73 \cdot 1.0 \cdot 2 \cdot 38.2 \cdot 0.794 = 40.0 + 56.7 + 22.1 = 118.8\text{tf/m}^2$$

例題 2.3

まず，円形コンクリート基礎の自重$W = AH\gamma = \dfrac{\pi \times 2^2}{4} \times 5 \times 2.4 = 3.14 \times 5 \times 2.4 = 37.7\text{tf}$

よって，基礎底面の荷重$q = \dfrac{W+Q}{A} = \dfrac{37.7+100}{3.14} = 43.9\text{tf/m}^2$

表-3.1 から$\phi_d=30°$の支持力係数は$N_c=30.1$，$N_q=18.4$，$N_\gamma=15.7$，$\eta = (B/B_0)^{-1/3} = (2/1)^{-1/3} = 0.794$ となる。
また，円形基礎では $\alpha=1.2$，$\beta=0.3$ である。
許容支持力q_aが上記の荷重以上であればよいので，

$$q_a = \frac{q_f}{3}\left\{\alpha c N_c + \gamma_2 D_f N_q + \beta \gamma_1 B \eta N_\gamma\right\} \geq 43.9$$

$$\frac{1}{3}(1.2 \times 2 \times 30.1 + 1.8 \times D_f \times 18.4 + 0.3 \times 1.8 \times 2 \times 0.794 \times 15.7) = \frac{72.2 + 33.1D_f + 13.5}{3} \geq 43.9$$

$$\therefore D_f \geq \frac{131.7 - 85.7}{33.1} = 1.39\text{m}$$

例題 2.4

$$Q_a = \frac{1}{F_s}(R_p + R_s) = \frac{1}{F_s}\{q_p \cdot A_p + \pi D \cdot \Sigma(L_i \cdot f_{si})\}$$

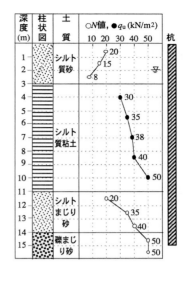

1) 杭先端の極限支持力 R_p
   杭先端の平均 N 値（±$1D$ の範囲を対象）：$\overline{N}=50$
   表-2.8 より， $q_p = \alpha 150\overline{N} = 1 \times 150 \times 50 = 7{,}500$ kN/m²
   ∴ $R_p = q_p \times A_p = 7{,}500 \times \pi \cdot 1^2/4 = 5{,}890$ kN ≒ 601 tf

2) 杭の周面摩擦力 R_s
   0～3m の平均 N 値 = (20+15+8)/3 = 14.3
   3～11m の平均 q_u 値 = (30+35+38+40+50)/5 = 38.6 kN/m²
   11～14m の平均 N 値 = (20+35+40)/3 = 31.7
   14～15m の平均 N 値 = 50
   表-2.8 より， 砂質土 $f_s = 3.3N$， 粘性土 $f_s = q_u/2$
   ∴ $R_s = \pi \cdot 1(3 \times 3.3 \times 14.3 + 8 \times 38.6/2 + 3 \times 3.3 \times 31.7 + 1 \times 3.3 \times 50)$
       $= \pi(14.2 + 15.4 + 314 + 165)$
       $= 2{,}435$ kN ≒ 248 tf
   よって， $Q_a = (601+248)/3 = 283$ tf

次に，ネガティブフリクション P_{NF} は，

$$P_{NF} = \phi \int_0^{L_{np}} \tau \, dz, \quad \phi : 杭の周長, \quad L_{np} : 杭頭から中立点までの深さ$$

中立点の深さ L_{np} は，深度 14 m 以深が N 値≧50 の堅固な支持層なので，
$L_n = 0.9L_a = 0.9 \times 11 = 9.9$ m
このケースでは， $L_{np} = L_n = 9.9$ m
摩擦力 τ は， 砂質土 $\tau = 30 + 2N = 30 + 2 \times 14.3 = 58.6$ kN/m² （0～3m）
           粘性土 $\tau = q_u/2 = 38.6/2 = 19.3$ kN/m² （3～9.9m）
∴ $P_{NF} = \phi\{\int_0^3 58.6\,dz + \int_3^{9.9} 19.3\,dz\}$
      $= \pi \cdot 1(58.6 \times 3 - 19.3 \times 6.9)$
      $= 970.3$ kN ≒ 98.9 tf
よって P_{NF} が発生すると， $L_{np} = L_n = 9.9$ m
   $Q_f/1.2 = (601+248)/1.2 = 707$ tf
   $P = Q_f/1.2 - P_{NF} = 608$ tf：杭頭荷重の限界値

なお，正の周面摩擦力（9.9～15m）を考慮すると，
   9.9～11m : 38.6/2 × 1.2 = 23.2
   11～14m : 3 × 3.3 × 31.7 = 314
   14～15m : 1 × 3.3 × 50 = 165
   ∴ $Q_f = 502$ tf

著者略歴

1980年3月　大阪市立大学工学部土木工学科卒業
1982年3月　大阪市立大学大学院工学研究科土木工学専攻前期博士課程修了
1988年3月　大阪市立大学大学院工学研究科土木工学専攻後期博士課程単位取得退学
1988年4月　大阪市立大学工学部土木工学科助手
1997年9月　大阪市立大学博士(工学)取得
1998年4月　大阪市立大学工学部土木工学科講師，その後，助教授を経て
2011年4月　大阪市立大学大学院工学研究科都市系専攻教授
2023年4月　大阪公立大学名誉教授，同大学都市科学・防災研究センター特任教授
　　　　　　　現在に至る

研究分野
・大阪・神戸地域における 250m メッシュ浅層地盤モデルの構築とその応用に関する研究
・地盤・地下水環境の保全のための地下水位低下による沈下予測と液状化対策に関する研究
・戸建住宅の地盤調査方法と基礎工法・地盤改良に関する研究
・粘土の圧密特性と圧密解析に関する研究

大阪公立大学出版会（OMUP）とは
本出版会は、大阪の5公立大学－大阪市立大学、大阪府立大学、大阪女子大学、大阪府立看護大学、大阪府立看護大学医療技術短期大学部－の教授を中心に2001年に設立された大阪公立大学共同出版会を母体としています。2005年に大阪府立の4大学が統合されたことにより、公立大学は大阪府立大学と大阪市立大学のみになり、2022年にその両大学が統合され、大阪公立大学となりました。これを機に、本出版会は大阪公立大学出版会（Osaka Metropolitan University Press「略称：OMUP」）と名称を改め、現在に至っています。なお、本出版会は、2006年から特定非営利活動法人（NPO）として活動しています。

About Osaka Metropolitan University Press (OMUP)
Osaka Metropolitan University Press was originally named Osaka Municipal Universities Press and was founded in 2001 by professors from Osaka City University, Osaka Prefecture University, Osaka Women's University, Osaka Prefectural College of Nursing, and Osaka Prefectural Medical Technology College. Four of these universities later merged in 2005, and a further merger with Osaka City University in 2022 resulted in the newly-established Osaka Metropolitan University. On this occasion, Osaka Municipal Universities Press was renamed to Osaka Metropolitan University Press (OMUP). OMUP has been recognized as a Non-Profit Organization (NPO) since 2006.

地盤工学

2024年8月31日　初版第1刷発行

著　者　　大島　昭彦
発行者　　八木　孝司
発行所　　大阪公立大学出版会（OMUP）
　　　　　〒599-8531　大阪府堺市中区学園町1−1
　　　　　大阪公立大学内
　　　　　TEL 072(251)6533　FAX 072(254)9539
印刷所　　和泉出版印刷株式会社

©2024 by Akihiko Oshima, Printed in Japan
ISBN 978-4-909933-80-5